Ralf Klinger
Die wichtigen Biologen

Ralf Klinger

Die wichtigen Biologen

marixverlag

FSC
Mix
Produktgruppe aus vorbildlich
bewirtschafteten Wäldern und
anderen kontrollierten Herkünften

Zert.-Nr. SGS-COC-1940
www.fsc.org
© 1996 Forest Stewardship Council

Copyright © by Marix Verlag GmbH, Wiesbaden 2008
Covergestaltung: Nele Schütz Design, München nach der Gestaltung von Thomas
Jarzina, Köln
Bildnachweis: akg-images GmbH, Berlin
Lektorat: Manuela Kupfer, Marburg
Satz und Bearbeitung: Medienservice Martin Feiss, Pößneck
Gesetzt in der Palatino
Gesamtherstellung: GGP Media GmbH, Pößneck
Printed in Germany

ISBN: 978-3-86539-933-5

www.marixwissen.de
www.marixverlag.de

Inhalt

Vorwort

Don't get it right, get it written. Dieses Motto sollte von Beginn an über dem Schreiben dieses Buches stehen. Alles richtig machen zu wollen, ist wohl ein unmöglicher Anspruch angesichts der Vielzahl an bedeutenden Entdeckungen auf dem Gebiet der Biologie. Sicher werden Sie einige Namen vermissen, die Aufnahme anderer Namen wird Sie überraschen. Natürlich stand am Anfang die Frage, welche Kriterien angewendet werden können und sollten, um die Auswahl möglichst nachvollziehbar zu gestalten. Dennoch spielen persönliche Affinitäten des Verfassers hierbei eine gewisse Rolle. Sie ergeben sich schon dadurch, dass Biografien von persönlichen Schicksalen handeln, von glücklichen Momenten des Triumphes und von schmerzhaften Begebenheiten, von unbeschwerter Jugend und von Alter, Krankheit und Tod. Sie handeln von persönlichen Zielen, und in dieser Auswahl überwiegend vom Erfolg und weniger vom Scheitern. Oft überrascht die Zielstrebigkeit der Persönlichkeit, vielfach der Fleiß, und nicht selten hat ein glücklicher Zufall entscheidend zum Erfolg beigetragen. Auch sind Personen stets ein Abbild ihrer Zeitepoche. Eine Sammlung von Biografien ist etwas grundsätzlich anderes als ein neutraler wissenschaftshistorischer Rückblick, und da bleibt es nicht aus, dass bestimmte Ereignisse mehr berühren als andere oder bestimmte, von den porträtierten Personen getroffene Entscheidungen mehr Verständnis erfahren konnten als andere.

Über 70 Namen waren mühelos gefunden, und so bestand die konzeptionelle Arbeit weniger darin, Namen zu finden, als zu entscheiden, welche Namen wieder aus der Liste zu streichen sind. Es musste eine Bewertung erfolgen, an deren Ende eine Art Rangliste der Biologen nach ihrer Bedeutung stand. Auf dieser Rangliste stehen die Nobelpreisträger ganz oben. Die Verleihung eines Nobelpreises ist in meinen Augen eine solch hohe wissenschaftliche Auszeichnung, dass Preisträger in jedem Fall dazugehören. Aber nicht jeder bedeutende Forscher und schon gar nicht jeder bedeutende Biologe wurde entsprechend ausgezeichnet, zumal es einen eigenen Nobelpreis für Biologie nicht gibt. Biologen erhalten in der Regel den Nobelpreis für Physiologie oder Medizin.

Der weitere Entscheidungsweg führte in die Geschichte der Biologie. Noch vor gut 200 Jahren hätte man noch nicht einmal die Frage, wer ein Biologe oder eine Biologin sei, beantworten können. Die Naturlehre war am Beginn des 19. Jahrhunderts noch keine eigene Wissenschaft und hatte die vielen Jahrhunderte zuvor den Charakter einer Naturphilosophie bzw. Naturtheologie. Ansonsten betrachtete man die Pflanzen- und Tierkunde als Teilaspekt der Medizin. Der Blick auf Kleintiere wie Insekten und Würmer galt als medizinisch bedeutungslos und wurde allenfalls als belustigender Zeitvertreib akzeptiert. Selbst die Konstruktion der ersten Mikroskope im 17. Jahrhundert, die Zugang zu einer, dem bloßen Auge bis dahin verborgenen Welt eröffneten, wurde zunächst nicht als Gewinn für die Heilkunde erkannt. Mikroskopieren wurde im Gegenteil als nutzlose Zeitverschwendung abgetan und der Begriff *Mikroskopiker* abfällig gebraucht.

Die wissenschaftliche Biologie ist eine Schöpfung des 19. Jahrhunderts. Mit Maria Sibylla Merian, Carl von Linné und einigen anderen gab es zwar schon früher einzelne herausragende Persönlichkeiten, doch den Grundstein für eine eigenständige biologische Wissenschaft legten die beiden Forscher Matthias Schleiden und Theodor Schwann mit ihrer Zelltheorie. Sie erkannten, dass allen Lebewesen der Aufbau aus einzelnen, im Prinzip gleichartigen Körperzellen gemeinsam ist und überwanden damit die Trennung von Pflanzen- und Tierkunde. Alfred Wallace und Charles Darwin lieferten wenig später den theoretischen Unterbau für die gemeinsame stammesgeschichtliche Entwicklung aller Lebensformen, während Gregor Mendel fast zeitgleich die ersten Gesetzmäßigkeiten der Vererbung aufstellte.

Das ausgehende 19. Jahrhundert markiert den Beginn einer großen Zeit bedeutender Entdeckungen in der Biologie. Sie führten zu einer immer weiteren Aufspaltung in Teildisziplinen und Forschungsrichtungen. Immer deutlicher zeichnete sich ab, dass die junge Wissenschaft eigentlich aus zwei methodisch unterschiedlich arbeitenden Teilbereichen besteht. Die funktionale Biologie, die weitgehend mit physikalischen und chemischen Methoden arbeitet, analysiert und physiologische Prozesse – wie es Jakob von Uexküll ausgedrückt hat – „unbekümmert von ihrem Verwandtschaftsgrad zum Menschen und ihrem Nutzen für die Medizin" vergleichend betrachtet, während sich die Evolutionsforschung im Wesentlichen aus dem Verlauf der Stammesgeschichte erschließt und eigene biologische Methoden entwickelte. Sie steht den Geisteswissenschaften in vielerlei Hinsicht recht nahe, so dass die Grenze zwischen den exakten Wissenschaften und den Geisteswissenschaften mitten durch die Biologie zu verlaufen scheint.

Was die beiden methodisch unterschiedlichen Teilbereiche jedoch wiederum zur Biologie vereint, ist, dass Organismen maßgeblich vom genetischen Code bestimmt werden und die Forschungsergebnisse folglich auf einem gemeinsamen Wissenschaftsverständnis gründen.

Biologen denken in Populationen, die aus äußerlich wie auch genetisch recht unterschiedlichen Individuen bestehen. Das in den anderen naturwissenschaftlichen Disziplinen vorherrschende typologische Denken ist mit der Evolutionstheorie nicht vereinbar und in der Biologie nicht sinnvoll. Außerdem kann es, wie die Geschichte gezeigt hat, zu gefährlichen Ideologien verleiten, wie etwa zum absurden Bild vom idealen Menschen. Wo die Abweichung vom statistischen Mittelwert die Regel ist und wo der Einzelfall niemals Allgemeingültigkeit besitzt, können entsprechend die von Karl Popper für Chemie und Physik aufgestellten Basissätze nicht gelten, nach der bereits eine einzige Ausnahme die Widerlegung einer ganzen Theorie bedeutet. Biologische Theorien beruhen, wie es Ernst Mayr formuliert hat, auf biologischen Konzepten, die eine individuelle Bandbreite voraussetzen und beinhalten.

Auf der anderen Seite kennt die Biologie als exakte Wissenschaft weder die *vis vitalis* der Vitalisten noch andere physikalisch nicht messbare Kräfte, die angeblich einen lebenden Organismus von einem unbelebten Gegenstand unterscheiden sollen. Unbiologisch ist auch die Vorstellung, die noch auf den griechischen Universalgelehrten Aristoteles zurückgeht, dass die stammesgeschichtliche Entwicklung einem fernen Ziel zustrebt. Aristoteles nennt dieses Prinzip *causa finalis*. Sie ist aus der Embryonalentwicklung abgeleitet, bei der aus einer befruchteten Eizelle zielgerichtet ein neuer Organismus entsteht, dessen Aussehen bereits im Keim angelegt ist. Diese Vorstellung wurde auf die Entwicklung des Lebens auf der Erde übertragen. Der denkende Mensch als selbst ernanntes Ebenbild Gottes stehe am Ende einer zwangsläufig auf dieses Ziel zusteuernden Entwicklung. Diese als *kosmische Teleologie* bekannte Ansicht wurde durch Charles Darwin widerlegt, der stattdessen den Zufall in die stammesgeschichtliche Entwicklungslehre eingeführt hat. Die Entwicklung des Lebens führt, das ist die Quintessenz aus Darwins Lehre, keinesfalls über kurz oder lang zu immer intelligenteren Lebensformen. Der Mensch ist vielmehr das Ergebnis einer von vielen Zufällen geprägten Evolution. Es ist nach Meinung vieler Biologen daher nicht nur unwahrscheinlich, sondern sogar fast ausgeschlossen, auf anderen erdähnlichen Planeten ähnlich intelligentes Leben zu finden wie auf unserer Erde.

Bei der Auswahl der Biologen musste ich mich auf den Kernbereich der Biologie beschränken. Teildisziplinen, die eigentlich auch der Biologie zugerechnet werden, wie Anthropologie, Paläontologie, Biochemie, Biophysik, Genetik, Nutzpflanzen- und Nutztierforschung, der Bereich Garten und Gartenbau ebenso wie Tier- und Pflanzenzucht und andere angewandte Bereiche blieben weitgehend oder gänzlich ausgeklammert. Dagegen war es ein persönliches Anliegen, Forscherpersönlichkeiten wie Rachel Carson, Bernhard Grzimek, Dian Fossey und andere, die sich große Verdienste um den Erhalt der biologischen Vielfalt erworben haben, unbedingt mit aufzunehmen.

Mein besonderer Dank gilt Professor Dr. Werner Nachtigall für seine Autobiographie, die er als Beitrag zu diesem Buch verfasst hat. Den Herren Dr. Heinz Schröder und Dr. Manfred Grasshof vom Forschungsinstitut Senckenberg danke ich sehr für ihre wertvollen Anregungen. Allen anderen nicht namentlich genannten Personen, die auf die eine oder andere Weise zum Gelingen des Buches beigetragen haben, schulde ich meinen besten Dank. Hervorheben möchte ich die überaus angenehme Art und Weise, mit der die Geschäftsführerin des Marix Verlages, Frau Miriam Zöller, das Werden dieses Buches begleitet hat. Herzlichen Dank. Zu guter Letzt geht ein ganz besonders lieber Dank an meine Frau Christine, die mir immer als kompetente und geduldige Gesprächspartnerin zur Seite gestanden hat.

Usingen, den 12. November 2007

ARISTOTELES

(384–322 v. Chr.)

Der griechische Arzt, Philosoph und Universalgelehrte setzte sich, im Gegensatz zu seinem Lehrer Platon, mit der realen Welt auseinander. Er beobachtete die ihn umgebende Natur genau und schuf ein Erklärungsmodell, das in Europa rund 1.500 Jahre, bis zum Ende des Mittelalters, unangefochten galt.

Aristoteles wurde 384 v. Chr. in dem unscheinbaren Ort Stagira in Makedonien geboren. Sein Vater Nichomachos war Leibarzt am Hof von König Amyntas von Makedonien. Da Aristoteles' Eltern früh starben, wuchs er bei Verwandten auf. Mit 18 Jahren ging er nach Athen und wurde Schüler Platons. Nach dessen Tod verließ der nunmehr 37-Jährige Griechenland und reiste nach Assos in Kleinasien zu seinem Freund, dem Tyrannen Hermeias. Er heiratete dessen Nichte Pythias. Als Hermeias knapp drei Jahre später gestürzt wurde, floh Aristoteles nach Mythilene auf Lesbos.

342 v. Chr. wurde er von König Philipp von Makedonien an dessen Hof gerufen. Aristoteles übernahm die Ausbildung des 13-jährigen Prinzen Alexander, der später als Alexander der Große in die Geschichte eingehen sollte. Nach der Ermordung Philipps 336 v. Chr. wurde Prinz Alexander neuer Herrscher von Makedonien. Aristoteles verließ den jungen König, ließ sich in Athen nieder und gründete mit Unterstützung des Makedonischen Königshauses das Lyzeum. Es war Schule, Forschungsinstitut und Bibliothek zugleich. Aristoteles sammelte Tiere, Pflanzen und Mineralien, befasste sich mit Physik, Politik und Ethik und entwickelte seine naturphilosophische Lehre. 12 Jahre später starb Alexander und Aristoteles musste nach formeller Anklage seiner Gegner 324 v. Chr. Athen fluchtartig verlassen. Die beiden letzten Jahre seines Lebens verbrachte er auf dem mütterlichen Landgut in Chalkis auf Euböa. Hier erlag er 322 v. Chr. im Alter von 62 Jahren einem Magenleiden.

Keines der Werke von Aristoteles ist im Originaltext erhalten geblieben. Bei den überlieferten Texten handelt es sich wahrscheinlich um Mitschriften, die seine Schüler bei seinen Vorlesungen verfassten.

Das naturphilosophische Weltbild des Aristoteles ist streng hierarchisch nach dem Grad der Vollkommenheit gegliedert und unterscheidet vier Stufen. Auf der untersten Stufe stehen die Mineralien. Sie dienen der nächsthöheren Stufe, den Pflanzen, diese wiederum den Tieren und die Tiere dem vollkommensten Wesen, dem Menschen, der auf der höchsten Stufe steht.

Aus dem Blickwinkel der heutigen biologischen Wissenschaft ist die Lehre des Aristoteles allenfalls noch wissenschaftshistorisch von Bedeutung. Aristoteles war zweifelsohne ein guter Beobachter, beispielsweise wenn er beschrieb, dass neues Leben von Insekten, Schalentieren und Fischen im Schlamm oder bei der Zersetzung von Tier- und Pflanzenresten entstünde. Die aus heutiger Sicht richtige Deutung konnte er für seine Beobachtungen allerdings nicht liefern, da ihm die Möglichkeiten fehlten, die Eiablage dieser meist sehr kleinen und oft auch sehr flüchtigen Tiere direkt zu beobachten. Dies gelang ihm erst bei Reptilien und Vögeln, deren Fortpflanzung er sehr wohl vom Gebären lebender Jungtiere bei Säugetieren unterschied. Es glückte ihm sogar, die Entwicklung eines Hühnerembryos im Ei zu verfolgen. Auch unterschied er die ihm bekannten Tiere danach, ob ihr Körper mit Haaren, Federn oder Schuppen bedeckt ist, ob sie warmblütig sind und ob sie rotes Blut besitzen. Als genauer Beobachter erwies er sich ferner, wenn er die Form der Organe mit ihrer Funktion in Verbindung brachte und von zweckmäßiger Anpassung sprach. Eine Evolution im Sinne von Darwin und Wallace kannte Aristoteles freilich nicht. Seiner Meinung nach verändern sich Arten im Laufe der Zeit nicht.

Er erklärte dies alles mit dem Zusammenwirken verschiedener Prinzipien, die er als *causa formalis* (Formprinzip bzw. Konstruktionsentwurf), *causa efficiens* (Wirkprinzip oder Entwicklungskraft) und *causa finalis* (Zweckprinzip oder Funktion) unterschied. Die *causa formalis* wurde später von der Kirche zum göttlichen Schöpfungsplan umgedeutet, obwohl dies so bei Aristoteles nicht angelegt war. Aus der Verteilung dieser Wirkprinzipien auf ein oder zwei Individuen konnte er weiterhin erklären, warum sich manche Arten zweigeschlechtlich fortpflanzen. In diesem Fall seien die Wirkprinzipien auf ein männliches und ein weibliches Geschlecht verteilt. Sich ungeschlechtlich vermehrende Arten vereinten alle Prinzipien in einem Körper.

Die Methodik des Aristoteles, durch dichotome Teilung zu einer immer feineren Unterteilung zu gelangen, hat Carl von Linné im 18.

Jahrhundert für sein binominales System im Prinzip unverändert übernommen. Das Ergebnis ist die heutige Systematik, die einen Stamm in Klassen, Klassen wiederum in Ordnungen, Ordnungen in Familien, Familien in Gattungen und Gattungen in Arten gliedert. Im Unterschied zu Aristoteles wird heute jedoch nicht von oben nach unten, sondern von unten nach oben gegliedert. Das heißt, es werden mehrere Arten zu einer Gattung zusammengefasst, mehrere Gattungen zu einer Familie und so weiter. Auch wenn die Lesrichtung umgekehrt wurde, lebt das methodische Konzept des Aristoteles in der modernen Systematik im Grundsatz unverändert fort.

WERKE
Physik
Metaphysik

MARCELLO MALPIGHI

(10.3.1628–29.11.1694)

Am Ende des 16. Jahrhunderts öffnete sich für die Naturkunde eine neue Tür. Es war ein Holländer, Zacharias Janssen, der um 1590 eine Sammellinse und eine Zerstreuungslinse zum ersten Mikroskop zusammensetzte. Die neue Technik verbreitete sich rasch in Europa, so dass Mikroskope bald auch in Italien gefertigt wurden. Die Bildqualität litt unter noch ungenau geschliffenen Linsen, die Vergrößerung erreichte kaum mehr als das 150-Fache. Vor allem aber war die Zeit wenig aufgeschlossen gegenüber neuen Erkenntnissen. Dies sollte Malpighi ebenso zu spüren bekommen wie sein Landsmann und Zeitgenosse, der Physiker und Astronom Galileo Galilei (1564–1642).

Seit seinem ersten Blick durch ein Mikroskop war Malpighi von den neuen Möglichkeiten fasziniert. Durch seinen Eifer, vor allem aber durch seine Vielseitigkeit und die sorgfältige Interpretation seiner Befunde gelangen ihm herausragende Entdeckungen. Einige der von ihm erstmals beschriebenen Strukturen in der Milz, in der Niere und in der Haut sowie das Exkretionsorgan der Insekten tragen heute seinen Namen. Außerdem kann er durch seine Untersuchungen als Begründer der Embryologie und zusammen mit Nehemia Grew (1641–1712) der Pflanzenanatomie gelten.

Marcello wurde am 10. März 1628 als erstes Kind der Familie Malpighi in Crevalcuore in der Nähe von Bologna geboren. Mit 17 Jahren begann er sein Studium an der ehrwürdigen Universität von Bologna, das er nach dem Tod seiner Eltern und seiner Großmutter für einige Jahre unterbrechen musste, um seine fünf jüngeren Geschwister zu versorgen. Daneben fand er die Zeit, an anatomischen Sektionen teilzunehmen, um die Methode der Heilkunst zu erlernen. Am 26. April 1653 wurde er zum Doktor der Medizin und der Philosophie promoviert. Er heiratete im darauffolgenden Jahr die jüngere Schwester seines Mentors an der medizinischen Fakultät, Francesca Massari. Noch ein weiteres Jahr musste er dann warten, bis der Senat der Stadt Bologna ihm, der weder selbst noch dessen Vater in Bologna geboren waren, durch prominente Fürsprache doch noch einen Lehrauftrag erteilte, aber Neid und Missgunst belasteten den jungen Arzt. Erleichtert nahm er daher bald das Angebot des toskanischen Großherzogs Ferdinand II. an und wurde Professor für Theoretische Medizin im wesentlich liberaleren Pisa. Hier fand er Aufnahme in die fortschrittliche *Accademia del Cimento*. Im Beisein des Großherzogs pflegten die Mitglieder der Akademie die Kunst physikalischer Experimente und Messungen. Hier begegnete er dem Mathematiker Giovanni Alfonso Borelli (1608–1679), einem Verehrer der Lehren Galileis, der mit seinen Arbeiten großen Einfluss auf den deutlich jüngeren Malpighi haben würde. Vor allem aber erhielt er hier sein erstes Mikroskop und begann, leidenschaftlich zwar aber zunächst recht wahllos, zu mikroskopieren.

Im Frühsommer 1659 kehrte er notgedrungen in die geistige Enge Bolognas zurück, hielt Vorlesungen und beschäftigte sich mit dem Feinbau der Lunge. Als erste Entdeckung notierte er, dass die gesamte Lunge aus sehr kleinen, kugelförmigen Lungenbläschen aufgebaut sei. Anschließend verfolgte er den Weg des Blutes durch die Lunge und entdeckte mit seinem Mikroskop die feinen Haargefäße (Kapillaren), durch die das Blut von den Arterien in die Venen und zurück zum Herzen strömt. Damit war die Hypothese des Engländers William Harvey bewiesen, dass das Blut im Körper zirkuliere. Zudem konnte Malpighi detailliert darlegen, welchen Weg es dabei nimmt.

Im Oktober 1662 konnte er erneut seiner ungeliebten Stadt den Rücken kehren. Diesmal führte ihn der Weg nach Sizilien. Auf

Vermittlung seines väterlichen Freundes Borelli wurde er vom Senat der Stadt Messina zum Professor für Praktische Medizin berufen. Es begann eine Zeit zahlreicher neuer Entdeckungen, die ihm mit Hilfe seines Mikroskops gelangen. Malpighi untersuchte den Feinbau der Haut, entdeckte die Geschmackspapillen auf der Zunge, beschrieb die Tastsinnesorgane an den Händen, Füßen und Lippen und konnte die in diesen Sinnesorganen endenden feinen Nervenfasern über das Rückenmark bis zum Gehirn zurückverfolgen. Bei einer Reihe von Tieren beschrieb er zudem die Lage und den Verlauf des Sehnervs vom Auge zum Gehirn. Dann wandte er sich wieder dem Blutkreislauf zu. Er entdeckte die roten Blutkörperchen und fand Wasser, Salze und eine eiweißartige Substanz als Bestandteile des farblosen Blutserums.

Vier Jahre später arbeitete er wieder in Bologna. Er beschrieb den Aufbau des Knochens, klärte die Herkunft der Gallenflüssigkeit als Sekret der Leber und befasste sich dann mit den Strukturen in der Niere, wo er die später nach ihm benannten Malpighi-Körperchen entdeckte.

Längst war man auch im Ausland auf seine bahnbrechenden Arbeiten am Mikroskop aufmerksam geworden. Man nahm ihn im Jahr 1668 als Ehrenmitglied in die berühmte wissenschaftliche *Royal Society of London* auf, eine besondere Ehre und wichtige Bestätigung für ihn. Zugleich wurde er gebeten, auch am Seidenspinner und an dessen Larvenstadium, der Seidenraupe, sowie an Pflanzen seine mikroskopischen Untersuchungen vorzunehmen. Neue Erkenntnisse lassen nicht lange auf sich warten: er beschreibt erstmals die Tracheen, die Luftröhren der Insekten, das Herz, die Ausscheidungsorgane, die als Malpighi'sche Gefäße in die Wissenschaft Eingang gefunden haben, und zahlreiche weitere Details über den Feinbau der Spinndrüsen, des Nervensystems und der Fortpflanzungsorgane dieser Schmetterlingsart.

Im Laufe seiner pflanzenanatomischen Studien beschrieb er anhand von Längs- und Querschnitten recht genau und umfassend den Aufbau eines Pflanzenstängels und begründete damit die Pflanzenanatomie.

Die Vielseitigkeit dieses Mannes zeigt sich darin, dass er sich einerseits mit so unterschiedlichen Organismen wie Säugetieren, Insekten und Pflanzen gleichermaßen erfolgreich beschäftigte, andererseits neben der sorgfältigen Beschreibung morphologischer Details auch deren Bedeutung und Funktionsweise durch physiologische Experimente meist absolut richtig erkannte. Sogar auf die Embryonalentwicklung lenkte er seinen forschenden Blick durch das Mikroskop. Er fand einen Weg, die Entwicklung des Hühnerembryos im Ei von Beginn an zu verfolgen. Die anfänglichen Zellstadien liegen in Form einer sogenannten Keimscheibe auf dem Dotter. Malpighi öffnete die Eischale, löste die Keimscheibe verschieden lang bebrüteter Eier vorsichtig heraus und konnte nun unter dem Mikroskop erkennen, wie sich allmählich die einzelnen Organe herausbildeten. Er beschrieb die Ausbildung von Herz und Kreislauf, die Entstehung der Augen und des Gehirns und entdeckte den embryonalen Harnsack, die Allantois.

Dieser von Malpighi skizzierte Verlauf der Hühnchenentwicklung war in seiner Zeit keinesfalls akzeptierte Lehrmeinung, das sollte erst drei Jahrhunderte später kommen. Er widersprach vielmehr der im 17. Jahrhundert gängigen Vorstellung, nach der die spätere Gestalt bereits im Samen des Mannes angelegt sei. Nicht einmal das Naheliegende geschah, nämlich mit eigenen Augen die Richtigkeit des Beschriebenen nachzuprüfen. Die Methode des Mikroskopierens wurde als Spielerei abgetan, jeder Nutzen für die Heilkunst verneint. So musste der seiner Zeit vorauseilende Malpighi immer wieder erfahren, dass die alten Dogmen hochgehalten wurden. Er wurde schikaniert, in Streitschriften und öffentlichen Diskussionen lächerlich gemacht und sogar des Diebstahls bezichtigt, weil er seine bezahlte Arbeitszeit auf solch sinnlose Beschäftigungen verwendete. Sogar davor, seine Manuskripte zu verbrennen und seine Mikroskope zu zerstören, schreckte man nicht zurück.

Malpighi, der als gütig, freundlich und bescheiden beschrieben wurde, versuchte sich zu verteidigen, zog sich aber schließlich verbittert zurück. Er wurde Leibarzt bei Papst Innozenz XII. und verbrachte seine letzten drei Lebensjahre in Rom. Sein Grab befindet sich in Bologna.

WERKE

Malpighi, M., 1669: Dissertatio epistolica de Bombyce, societati regiae.
  London, 100 S.
Malpighi, M., 1675: Anatome Plantarum idea. London, 159 S.

Malpighi, M., 1687: Marcelli Malpighii Opera omnia: seu, Thesaurus locupletissimus botanico-medico-anatomicus, viginti quatuor tractatus complectens et in duos tomos distributus. London, 2 Bde., ca. 370 S.

ANTONIO VAN LEEUWENHOEK

(24.10.1632–27.8.1723)

Mit Hilfe selbst geschliffener Linsen baute er Mikroskope, die in ihrer Leistung seiner Zeit weit voraus waren. Damit machte Leeuwenhoek sich zum Pionier der Mikroskopie. Er beobachtete die unterschiedlichsten Mikroorganismen, entdeckte und beschrieb Bakterien im Zahnbelag. Er verfolgte, wie sich Tierarten aus einem Ei entwickeln und gelangte dadurch zu der Überzeugung, dass die damals herrschende Meinung der spontanen Entstehung von Lebewesen nicht richtig sein konnte. Seine vielfältigen Entdeckungen erregten großes Aufsehen, so dass nicht weniger als 12 Regenten bei ihm vorsprachen und durch seine Mikroskope blickten.

Der Sohn eines Delfter Korbmachers wurde am 24. Oktober 1632 als Thonis Philipszoon geboren. Trotz des frühen Todes seines Vaters im Jahr 1638 konnte er das Gymnasium in der Nähe von Leiden besuchen. Die Grundlagen in Physik und Mathematik brachte ihm sein Onkel bei. Mit 16 verließ er die Schule und ging nach Amsterdam, wo er eine Anstellung bei einem schottischen Tuchhändler fand. 1654 kehrte er nach Delft zurück und ließ sich dort dauerhaft als Tuchhändler und Kammerherr des städtischen Gerichtshofs nieder. Er wurde zudem Eichmeister für alkoholische Getränke und erhielt die Zulassung als Landvermesser. So brachte er es zu bescheidenem Wohlstand und konnte sich ein für die damalige Zeit exklusives Hobby leisten.

Die Anregung dazu erhielt er wahrscheinlich durch ein Buch des Engländers Robert Hooke (1635–1703), das 1664 unter dem Titel *Micrographia* erschien. Es beschreibt mikroskopische Untersuchungen. Van Leeuwenhoek, wie er sich später nach der Lage seines Geburtshauses in Delft nannte, wollte wie Hooke mit dem Mikroskop in die unsichtbare Welt der Mikroorganismen vordringen. Er ließ sich zum Glasschleifer ausbilden und begann, mit selbst geschliffenen Linsen zu experimentieren. Es gelang ihm, zwar sehr kleine aber auch sehr reine Linsen herzustellen, mit denen er die Vergrößerung und vor allem die Auflösung der ersten frei verfügbaren Mikroskope deutlich übertraf.

Leeuwenhoek hat sicher nicht das Mikroskop erfunden, wohl aber die Mikroskopie, denn vor ihm war noch keiner so weit in die Welt des mit bloßem Auge unsichtbaren Kleinen vorgedrungen. Mikroskope wurden in jener Zeit allenfalls eingesetzt, um Feinstrukturen an Insekten, Pflanzen oder Mineralien zu beschreiben. Auch Leeuwenhoek begann seine ersten mikroskopischen Untersuchungen an großen Objekten. Im Ohr des Kaninchens und in der Haut des Frosches sah er das Blut durch kleinste Kapillaren strömen. Die vom italienischen Anatomen Malpighi (1628–1694) aufgestellte Behauptung, das Blut zirkuliere im Körper, fand auf diese Weise 1668 seine Bestätigung. Leeuwenhoek lieferte in der Folgezeit die erste Beschreibung eines roten Blutkörperchens.

Dann richtete er seine Linse auf in seinem Umfeld verfügbare Flüssigkeiten. In einem Wassertropfen tummeln sich seltsame Kleinstlebewesen, die er *Animalcules* nannte. Auch im menschlichen Speichel fand er sie. Man lachte über seine Beobachtungen und verspottete ihn, der keine Universität besucht hatte und Latein, die Sprache der Gelehrten, nicht beherrschte. Erst sehr viel später wurde er rehabilitiert und 1680 ehrenvoll in die *Royal Society of London* aufgenommen. Nun rühmte man sein umfassendes Wissen auf den Gebieten der Naturwissenschaften, der Mathematik und der Philosophie.

1677 folgte die nächste Überraschung. Er entdeckte die Samenzellen in der Spermaflüssigkeit. Dann verfolgte er, wie Käfer und andere Kleintiere aus abgelegten Eiern schlüpften und heranwuchsen. Die Beobachtungen sprachen klar gegen die noch immer generell akzeptierte Vorstellung einer Spontanentstehung von kleinsten Lebewesen. Immer weiter führte ihn die Mikroskopie in eine unbekannte Welt. Er beschrieb Skelett- und Herzmuskeln und fand 1683 zu seiner Überraschung, dass der Zahnbelag voller Bakterien ist. Diese unterschied er nach ihrer Form in Bazillen, Kokken und Spirillen.

Seine Entdeckungen erregten Aufsehen. Immer mehr „Schaulustige" aus Adel, Wissenschaft und Bildungsbürgertum kamen zu ihm und ließen sich seine Entdeckungen vorführen. Leeuwenhoek stellte sich darauf ein, indem er für jedes Objekt, das er zeigen konnte und wollte, ein eigenes kleines Mikroskop baute. Es bestand im Prinzip aus einer Messingplatte, in die die von ihm geschliffene, stark vergrößernde Linse eingelegt war, und einer Halterung für das Objekt. Am Ende seines Lebens hatte er fast 500 Stück hergestellt und hielt sie fein säuberlich in Holzkistchen gelagert für die Vorführung bereit.

Neben diesen Vorführmikroskopen einfachster Bauart musste Leeuwenhoek einige sehr viel leistungsfähigere Arbeitsmikroskope besessen haben, die aber kein Besucher je zu Gesicht bekommen hat. Er gab keines seiner Geräte aus der Hand. Selbst gekrönten Häuptern, deren sich gleich zwölf bei ihm einfanden, gelang es nicht, ein Instrument von ihm zu erhalten.

Nach seinem Tod am 27. August 1723 wurden 460 Mikroskope versteigert, bis heute erhalten geblieben sind sieben Stück der einfachen Bauart.

Leeuwenhoek schrieb mehr als 350 *Briefe* (wissenschaftliche Kurzberichte über eigene Arbeiten) an die *Royal Society of London*. Die in Niederländisch abgefassten Texte wurden in London redigiert und zusammen mit einer englischen Kurzfassung in den *Philosophical Transactions* in der Originalsprache sowie in einer lateinischen Übersetzung abgedruckt.

WERKE

Leeuwenhoek, A. v., 1686: Ontledingen en ontdekkingen: van levende dierkens in de teel-deelen van verscheyde dieren, vogelen en visschen: van het hout met der selver menigvuldige vaaten: van hair, vlees, en vis: als mede van de groote menigte der dierkens in de excrementen – vervat in verscheide brieven, geschreven aan de wyt-vermaarde Koninglijke Wetenschap-Zoekende Societeit, tot Londen in Engeland. Leiden, 75 S.

Leeuwenhoek, A. v., 1695: Arcana naturae detecta ope microscopiorum. Delphis Batavorum, Krooneveld, 568 S.

Leeuwenhoek, A. v., 1700: Part of a letter concerning the worms in sheeps livers, gnats and animalcula in the excrements of frogs. Phil. Transactions 22: 509–518

Leeuwenhoek, A. v., 1706: Microscopical Observations on the structure of the proboscis of a flea. Phil. Transactions 25: 2311–2312.

Leeuwenhoek, A. v., 1719: Epistolae physioligicae super compluribus naturae arcanis. Delphis, 446 S.

Maria Sibylla Merian

(2.4.1647–13.1.1717)

Die Rollenverteilung zwischen Mann und Frau wurde von Martin Luther im 16. Jahrhundert eingeleitet und setzte sich als bürgerliches Ideal bis zum 18. Jahrhundert allmählich durch. Maria Sibylla Merian wuchs noch nach dem aus dem Mittelalter überlieferten Frauenbild auf, das selbständige Kauffrauen anerkannte und auch in die Zünfte aufnahm. So war es ihr als Frau gestattet, sich bei ihrem Stiefvater und dessen Gesellen in den Techniken des Malens, Aquarellierens und Kupferstechens ausbilden zu lassen. Außerdem lernte sie Lesen, Schreiben und Rechnen. Dies bildete die Grundlage für ihr künstlerisches und wissenschaftliches Wirken. Mit ihrer Arbeit als Malerin, Kupferstecherin, Naturforscherin, Lehrerin, Autorin und Kauffrau war sie ihrer Zeit weit voraus. Sie widerlegte die klassische Vorstellung der Urzeugung und widersprach dem mittelalterlichen Glauben, dass Insekten eine gottgesandte Strafe seien. Durch ihre eigenständige, wissenschaftliche Arbeitsweise gehört sie zum Kreis derjenigen, die die Insektenkunde (Entomologie) begründet haben.

Ihr Vater war der bekannte Kupferstecher und Kartenzeichner Matthäus Merian d.Ä. Die gebildete Handwerkerfamilie Merian lebte in Basel und übersiedelte 1624, mitten im Dreißigjährigen Krieg, in die Freie Reichsstadt Frankfurt am Main. Es gelang dem Vater, den Verlag für theologische, medizinische und geographische Werke trotz des herrschenden Krieges zu erhalten und aufzubauen. Dabei war seine geschäftstüchtige und strenge Frau eine wertvolle Stütze. Maria Sibylla wurde im Jahr 1647, kurz vor dem Ende des langen Krieges, geboren. Schon drei Jahre später starb der Vater. Die Mutter heiratete noch im selben Jahr den niederländischen Maler und Kunsthändler Jacob Marrell. In der Werkstatt ihres Stiefvaters lernte Maria Sibylla, wie die Farben zubereitet werden und wie man damit malt. Auch das Stechen in Kupfer wurde ihr beigebracht. Oft betrachtete sie die Werke, die in der Werkstatt entstanden, Bilder mit Blumen- und Tierdarstellungen. Bald schon besaß sie, versteckt unter dem Dach des Hauses, ihr eigenes kleines Atelier. Heimlich entstanden hier ihre ersten Bilder. Eines Tages, sie war gerade 13

Jahre alt, nahm sie der Stiefvater mit zu den niederländischen Seidenraupenzüchtern, die sich als Kriegsflüchtlinge in Frankfurt niedergelassen hatten. Sie durfte sich einige Raupen mitnehmen und erlebte zum ersten Mal, wie sich die Raupe in einen Kokon einspinnt und dann als Schmetterling schlüpft. Das Wunder der Insektenverwandlung ließ sie von da an nicht mehr los. Sie begann, alle möglichen „Würmer" einzusammeln, um ihre Verwandlung in Schachteln und Gläsern zu verfolgen. Dass etwa zur gleichen Zeit im fernen Messina auf Sizilien der italienische Naturforscher und Arzt Marcello Malpighi (1628–1694) die gleichen Beobachtungen machte, ahnte sie nicht. Auch seine daraufhin im Jahr 1669 erschienene Schrift über die Metamorphose der Seidenspinnerraupe bekam Maria Sibylla nicht zu lesen.

Mit 18 heiratete sie Andreas Graff, den sie in der Werkstatt ihres Stiefvaters kennengelernt hatte. 1668 kam ihre erste Tochter, Johanna Helena, zur Welt. Die junge Familie zog nach Nürnberg, in die Geburtsstadt Graffs. Unabhängig von ihrem Mann, dessen Geschäfte nicht genügend Ertrag abwarfen, begann Merian, sich auf eigene Füße zu stellen. Sie scharte Frauen um sich, die sie gegen Bezahlung im Zeichnen, Malen und Sticken unterrichtete. Der erste Teil ihres Werkes *Der Raupen wunderbare Verwandlung und sonderbare Blumennahrung* erschien 1679. Es sind 50 in Kupfer gestochene Protokolle ihrer in fünf Jahren durchgeführten Insektenzuchten. Sie berichten, wie sich die von Maria Sibylla eingetragenen Raupen und Maden schließlich in Fliegen, Käfer und Schmetterlinge verwandelten. Zum ersten Mal erschienen die Entwicklungsstadien verschiedener Insekten, vor allem der Schmetterlinge, nebst ihren Futterpflanzen auf herrlich kolorierten Bildtafeln, so lebendig dargestellt, wie Merian sie in ihren Zuchtgefäßen gesehen hatte. Die Bilder bewiesen, dass Insekten und „Würmer" keineswegs durch Urzeugung entstehen, wie man bis dahin zu glauben bereit war, sondern aus Eier hervorgehen, heranwachsen, sich häuten und schließlich verwandeln.

Ebenfalls noch in Nürnberg erschien ihr *Neues Blumenbuch*, das dreimal 12 Blütenpflanzen abbildet, die auch als Vorlagen für Stickmotive dienen sollten. Außerdem belieferte sie ihren Frauenkreis mit Farben. Schließlich begann Merian, Latein, die Sprache der Gelehrten und Gebildeten, zu lernen. Längst war sie nicht mehr nur die Frau an der Seite ihres Mannes. Sie war eine eigenständige Geschäftsfrau geworden. 1677 brachte sie ihre zweite Tochter, Dorothea Maria, zur Welt. Die Ehe begann zu kriseln. Nachdem ihr Schwiegervater 1681 gestorben war, verließ Merian ihren Mann und kehrte mit ihren beiden Töchtern nach Frankfurt zurück, wo sie sich um ihre alleinstehende Mutter kümmerte. Ihr Mann versuchte ihr nach Frankfurt zu folgen, pendelte mehrfach zwischen Nürnberg und Frankfurt, doch Maria Sibylla entzog sich ihm und ging mit ihren beiden Töchtern und ihrer Mutter nach Holland, wo sie sich auf Schloss Waltha einer christlichen Glaubensgemeinschaft anschloss. Im Kreise der Gemeinschaft, die sich nach ihrem Gründer Jean de Labadie *Labadistengemeinde* nannte und etwa 350 Mitglieder aus Frankreich, Deutschland und Holland umfasste, fand sie Schutz, materielle Sicherheit und religiöse Geborgenheit. Dennoch war es kein leichter Gang, denn sie musste sich von all ihrem Besitz trennen und nach den Regeln der Gemeinde leben. Zuvor war allerdings 1683 in Frankfurt Teil 2 ihrer *Verwandlungen* erschienen.

Das glückliche Zusammenleben auf Schloss Waltha währte nur wenige Jahre. Wieder musste Maria Sibylla einen neuen Anfang finden. Ihr Entschluss stand fest, sie würde in die neue niederländische Kolonie Suriname reisen und tropische Insekten malen. Der Weg dahin führte sie über Amsterdam, dem blühenden Zentrum der Kunst, der Wissenschaften und des Handels. Dort traf sie Antonio van Leeuwenhoek (1632–1723), bestaunte dessen selbst gebaute Mikroskope und studierte das in lateinischer Sprache abgefasste Werk *Historia Insectorum Generalis* des 1680 verstorbenen Insektenkundlers Jan Swammerdam (1637–1680).

Im Juni 1699 war sie an Bord des Schiffes, das sie nach Panamaribo, der Hauptstadt Surinames brachte. Von der Malaria angegriffen kehrte sie schon zwei Jahre später wieder nach Amsterdam zurück und arbeitete sofort an der Herausgabe ihres vielleicht bedeutendsten Werkes, der *Metamorphosis Insectorum Surinamensis* – 60 großformatige Kupferplatten mit den prächtigsten Insekten Surinames. Wieder wurden alle Entwicklungsstadien und im Zentrum der Tafeln die jeweiligen Futterpflanzen lebensnah abgebildet und die Entwicklungsgeschichte dieser tropischen Insekten dargestellt. Darunter befindet sich auch der mit 15 cm Körperlänge größte Käfer der Welt, der Riesenbockkäfer *Titaneus giganteus*.

Nach vier Jahren waren die gelungenen Tafeln fertiggestellt und koloriert. Maria Sibylla Merian starb am 13. Januar 1717 und wurde auf dem Amsterdamer Kerkhof beigesetzt.

Bis 1771 erschienen noch zwei weitere Auflagen dieses dreibändigen Insektenwerks.

WERKE

Merian, M. S., *1675: Neues Blumenbuch allen kunstverständigen Liebhabern zu Lust, Nutz, und Dienst mit Fleiß verfertiget. Nürnberg, Teil 1, 12 Tafeln*

Merian, M. S., *1677: Neues Blumenbuch allen kunstverständigen Liebhabern zu Lust, Nutz, und Dienst mit Fleiß verfertiget. Nürnberg, Teil 2, 12 Tafeln*

Merian, M. S., *1677: Neues Blumenbuch allen kunstverständigen Liebhabern zu Lust, Nutz, und Dienst mit Fleiß verfertiget. Nürnberg, Teil 3, 12 Tafeln*

Merian, M. S., *1679: Der Raupen wunderbare Verwandlung, und sonderbare Blumennahrung. Nürnberg, Bd. 1, 50 Tafeln*

Merian, M. S., *1683: Der Raupen wunderbare Verwandlung, und sonderbare Blumennahrung. Frankfurt, Leipzig, Bd. 2, 50 Tafeln*

Merian, M. S., *1705: Metamorphosis Insectorum Surinamensis. Amsterdam, 60 Tafeln.*

Merian, M. S., *1726: Dissertation de generatione et metamorphosibus insectorum surinamensium. Den Haag, 72 Tafeln.*

JOHN RAY

(29.11.1627–17.1.1705)

Ray war einer der herausragenden Köpfe des 17. Jahrhunderts, der mit seinen naturkundlichen Arbeiten die Grundlagen der Botanik und der Zoologie einschließlich der Insektenkunde legte. Einige seiner Erkenntnisse haben bis heute Bestand in der Biologie. So unterschied er erstmals zwischen ein- und zweikeimblättrigen Pflanzen, zwischen Insekten mit unvollständiger und vollständiger Verwandlung und legte die Art (= Species) als kleinste natürliche Einheit fest. Sogar die Definition der Art klingt bei Ray bereits sehr modern, fasste er Arten doch als natürliche Fortpflanzungsgemeinschaften auf. Außerdem verwendete er zur Benennung seiner Arten ein binäres System aus den Namen für die Gattung und der Art und nahm damit ansatzweise die von Linné (1707–1778) aufgestellte und in der Wissenschaft heute anerkannte binominale Nomenklatur um fast 100 Jahre vorweg. Er stellte der Lehre des Aristoteles, die bis dahin seit etwa 1.500 Jahren das naturkundliche Denken in Europa bestimmt hatte, eine neue wissenschaftliche Methode gegenüber und leitete dadurch die Ablösung von der klassischen Auffassung ein.

John wurde am 29. November 1627 im Nordosten von London in der kaum 600 Einwohner zählenden Gemeinde Black Notley in der Grafschaft Essex als Sohn des Hufschmids Wray geboren. Nach dem Besuch der Schule im benachbarten Braintree konnte sich John Wray (erst später wechselt er zur Schreibweise „Ray") im Jahr 1644 als 16-Jähriger an der berühmten Universität von Cambridge einschreiben. Ermöglicht wurde dies dem aus einfachen familiären Verhältnissen stammenden, hochbegabten John durch ein Stipendium der Hochschule. Zwei Jahre lang studierte er Theologie und Naturkunde in St. Catherine's Hall und wechselte dann zum Trinity College. Neben dem regulären Studium, das er zügig durchzog, betrieb er im Kreise von Freunden anatomische und chemische Studien. Nach vier Jahren schloss er sein Studium mit dem *Bachelor's degree* ab und wurde sofort zum *Fellow at Trinity* gewählt.

Die folgenden 13 Jahre arbeitete er fleißig, aber weitgehend unauffällig an der Hochschule. Er schrieb theologische Abhandlungen und beschäftigte sich mit den Pflanzen in der Region um Cambridge. Seine Erkenntnisse mündeten in ein Pflanzenverzeichnis der Umgebung, das 1860 erschien. Nun dehnte er seine botanischen Exkursionen auf weiter entfernt liegende Gebiete aus. Er lernte den Naturkundler Francis Willughby (1835–1672) aus Warwickshire kennen. Beide beschlossen, eine gemeinsame naturkundliche Fahrt nach Wales und Cornwall zu unternehmen. Auf dieser Reise fällt eine Entscheidung, die das zukünftige Leben des John Ray entscheidend bestimmte. Man nahm eine große Studie der Naturgeschichte in Angriff, in der Willughby den zoologischen und Ray den botanischen Teil übernehmen sollte.

Wieder zurück am Trinity wartete jedoch Ärger auf den jungen Wissenschaftler. Nach dem Tod von Oliver Cromwell, der

England durch die Gefangennahme und Hinrichtung von König Karl I. zur Republik gemacht hatte, gelang die Restauration des Königtums. Karl II. wurde 1660 feierlich zum neuen König von England ausgerufen. Eigentlich keine Veränderung, mit der der den hinter den Klostermauern von Trinity lebende Ray nicht hätte leben können. Das änderte sich, als zwei Jahre später der *Act of Uniformity* erlassen wurde. Er verlangte, dass alle Riten und Zeremonien des 1662 veröffentlichten *Book of Common Prayer* anzuwenden seien. Für den strenggläubigen Puritaner Ray waren die anglikanischen Gebetbücher, die christlichen Kreuze, die priesterlichen Gewänder, die Bilderverehrung und die steinernen und reich geschmückten Altäre in den Kirchen nicht annehmbar. Ray weigerte sich, den durch den *Act of Uniformity* verlangten Eid zu leisten und verlor daraufhin sein *Fellowship at Trinity*. Vermögende Freunde unterstützten ihn von nun an und so konnte er seine naturkundlichen Studien vorantreiben.

Zunächst entfloh er der geistigen Enge Englands und reiste für die folgenden drei Jahre nach Kontinentaleuropa, um sich ganz dem Studium der Pflanzen zu widmen. Wieder zurück in England veröffentlichte er 1670 zunächst einen viel beachteten Katalog der englischen Pflanzen (*Catalogus plantarum Angliae*). Außerdem berichtete er auf gerade einmal drei Druckseiten über eine Säure bei Ameisen, die er *Formic acid*, Ameisensäure, nannte. In dieser Zeit änderte er auch die Schreibweise seines Namens.

Als sein Mitstreiter Francis Willughby am 3. Juli 1672 überraschend starb, übernahm Ray auch den zoologischen Teil des gemeinsam geplanten naturkundlichen Werkes. Obwohl er mindestens genauso viel zu dem Band beigetragen hatte, veröffentlichte er ihn allein unter dem Namen seines Freundes. *The Ornithology of Francis Willughby* erschien 1678 in Latein und zwei Jahre später auch in englischer Sprache.

Man habe alles weggelassen, was sonst bei anderen Autoren bezüglich Symbolik, Moral, Vorlieben, Vorahnungen, Ethik, Theologie und jeglicher Art menschlichen Lernens einbezogen worden sei, betonte Ray in der Vorrede. Es war tatsächlich ein erster gelungener Ansatz für eine wissenschaftliche Klassifikation der Vögel. Viele der von Ray aufgestellten Gruppen, wie zum Beispiel die Krähen, Hühnervögel, Spechte und Gänse, werden in modernen Biologiebüchern kaum anders zusammengefasst. Bemerkenswert und seiner Zeit weit voraus war weiterhin die Art und Weise der Benennung der in dem Buch aufgeführten Vogelarten. Neben einem englischen Trivialnamen erhielt nahezu jeder Vogel einen wissenschaftlichen Namen, bestehend aus den Namen für die Gattung und für die Art. Linné übernahm diese Namen weitgehend in seiner *Systema naturae.*

Bei der Bearbeitung der Pflanzen führte er Kreuzungsexperimente durch, um die verschiedenen Arten trotz ihres variablen Erscheinungsbildes sicher voneinander unterscheiden zu können. 1682 konnte er dann den botanischen Teil unter dem Titel *Methodus Plantarum Nova* der Öffentlichkeit präsentieren. Darin unterscheidet er erstmals zwischen einkeimblättrigen, die er *monocotyledon* nennt, und zweikeimblättrigen Pflanzen, die er als *dicotyledon* bezeichnet. Diese grundlegende Unterscheidung hat bis heute Bestand, so dass auch die Bezeichnungen Eingang in die moderne Biologie gefunden haben.

Drei Jahre später erschien der Fischband als *History of Fish.* Die Kosten wurden von der ehrwürdigen *Royal Society of London* getragen. Auch dieser Band brach mit einer traditionellen Sichtweise, in dem er die Fische als natürliche Gruppe erkannte und von anderen Wassertieren abgrenzte. Rays größtes Werk aber ist die *Historia generalis plantarum.* Sie erschien in drei gewaltigen Bänden zwischen 1686 und 1704. Gut 6.000 Arten werden benannt und unterschieden. Die darin gegebene Definition für die Art als natürliche Fortpflanzungsgemeinschaft klingt nicht nur modern, sie war für die damalige Zeit geradezu visionär.

Die großen und kleinen Wunder, die er entdeckte und beschrieb, die perfekten Anpassungen der Strukturen an ihre Funktion waren für ihn jedoch nicht das Ergebnis einer Evolution im darwinistischen Sinn, sie waren für den tiefgläubigen Puritaner vielmehr der schlagende Beweis für die Größe des Schöpfers. Dieser Erkenntnis widmete er 1691 ein umfangreiches Buch, das den eindeutigen Titel *The Wisdom of God Manifested in the Works of Creation* trägt. Seine letzten Lebensjahre gehörten vornehmlich dem Studium der Insekten. Auch hier führte sein klarer Verstand ihn auf die richtige Fährte. Er erkannte die grundsätzlich verschiedenen Entwicklungswege und unterschied zwischen Insekten mit vollendeter und mit unvollendeter Verwandlung. Der Tod riss ihn am 17. Januar 1705 aus seinem erkenntnisreichen Leben. Die Aufzeichnungen über seine Insektenstudien wurden posthum 1770 veröffentlicht.

John Ray überraschte mit seinen genauen Beobachtungen, seinen hervorragenden Beschreibungen und Zeichnungen, die ihn immer wieder zu den richtigen Schlussfolgerungen führten. Er kann mit Recht als Vater der wissenschaftlichen Biologie bezeichnet werden. Mit seinen Erkenntnissen hat er diese Wissenschaft einen gewaltigen Schritt nach vorne gebracht und die Grundlagen für herausragende spätere Entdeckungen gelegt. Vielleicht lebte er einfach nur ein Jahrhundert zu früh, um in einem Atemzug mit Linné und Darwin genannt zu werden.

WERKE

Ray, J., 1654: Clavis philosophiæ naturalis, seu, Introductio ad naturæ contemplationem, Aristotelico-Cartesiana. Leiden, 219 S.

Ray, J., 1677: Catalogus plantarum Angliæ, et insularum adjacentium tum indigenas, tum in agris passim cultas complectens: In quo præter synonyma necessaria, facultates quoque summatim traduntur, unà cum observationibus & experimentis novis medicis & physics. London, 311 S.

Ray, J., 1682: Methodus Plantarum Nova, brevitatis et perspicuitatis causa synoptice in tabulis exhibita, cum notis generum tum subalternorum characteristicis, observationibus nonnullis de seminibus plantarum et indice copioso. London, 166 S.

Ray, J., 1686: Historia Plantarum, species hactenus editas aliasque insuper multas noviter inventas et descriptas complectens. In qua agitur primò de plantis in genere, earúmque partibus, accidentibus & differentiis; deinde genera omnia tum summa tum subalterna ad species usque infirmas, notis suis certis & characteristicis definita, methodo naturæ vestigiis insistente disponuntur. London, Bd. 1, 983 S.

Ray, J., 1688: Joannis Raii Historiæ plantarum tomus secundus: cum duplici indice; generali altero nominum & synonymorum præcipuorum; altero affectuum & remediorum: accessit nomenclator botanicus anglo-latinus. London, Bd. 2, 959 S.

Ray, J., 1691: The Wisdom of God Manifested in the Works of Creation. London, 316 S.

Ray, J., 1693: Synopsis Methodica Animalium Quadrupedum et Serpentini Generis. London, 336 S.

Ray, J., *1696: De variis plantarum methodis dissertatio brevis: In qua agitur I. De methodi origine & progressu. II. De notis generum characteristicis. III. De methodo sua in specie. IV. De notis quas reprobat & rejiciendas censet D. Tournefort. V. De methodo Tournefortiana.* London, 48 S.

Ray, J., *1703: Methodus plantarum emendata et aucta in qua notae maxime characteristicae exhibentur.* London, 452 S.

Ray, J., *1704: Historiæ plantarum tomus tertius: qui est supplementum duorum præcedentium: species omnes vel omissas, vel post volumina illa evulgata editas, præter innumeras fere novas & indictas ab amicis communicatas complectens: cum synonymis necessariis, et usibus in cibo, medicina, & méchanicis: addito ad opus consummandum generum indice copioso.* London, Bd. 3, 983 S.

Ray, J., *1710: Historia Insectorum (Opus posthumus, ed. William Derham).* London, 375 S.

Ray, J., *1713: Synopsis Methodica Avium et Piscium. Opus posthumus,* ed. William Derham. London, 235 S.

CARL VON LINNÉ

(23.5.1707–10.1.1778)

Linné schrieb über sich selbst, er sei Doktor, Professor, Ritter und Adelsherr geworden. Kein Naturwissenschaftler habe mehr Beobachtungen in der Natur angestellt als er, keiner sei ein größerer Botaniker oder Zoologe gewesen. Er habe eine ganze Wissenschaft reformiert und eine neue Epoche eingeleitet.

Der schwedische Naturforscher, der über 30 Jahre als Professor für Botanik an der Universität in Uppsala forschte und lehrte, war zweifelsohne ein herausragender Botaniker, der alle damals bekannten Pflanzenarten aufgrund eigener Untersuchungen über den Aufbau der Blüten und Früchte zu Verwandtschaftsgruppen zusammenfasste und ihnen durch seine binominale Nomenklatur eindeutige wissenschaftliche Namen zuwies. Ganz auf dem Fundament der kirchlichen Schöpfungslehre stehend, glaubte er, mit seinem Vorgehen den göttlichen Schöpfungsplan, oder – wie er sich ausdrückte – das Wunderwerk des Schöpfers, entdecken und schauen zu können. Mit dem gleichen Ziel klassifizierte er alle ihm bekannten Tiere und Steine. Am Ende seines Schaffens stand ein für die damalige Zeit umfassendes System der Natur, das zwar an die Lehre des antiken Naturphilosophen Aristoteles (384–322 v. Chr.) anknüpft, aber durch die wissenschaftliche Methodik der heutigen Lehrmeinung wesentlich näher gekommen ist. So ordnete er beispielsweise die Wale bereits bei den Säugetieren ein und scheute sich nicht, den Menschen zusammen mit den Affen in die Ordnung der Herrentiere (Primates) zu platzieren.

Die Grundlagen für diese bahnbrechende Leistung wurden bereits in Linnés früher Jugend im Elternhaus gelegt. Sein Vater Nils entstammte einer Bauernfamilie. Als er in den geistlichen Stand übertrat und Pfarrer in Småland in der kleinen Landgemeinde Stenbrohult wurde, legte er seinen elterlichen Namen Ingemarsson ab und nannte sich nach den Linden am Hof seiner Eltern *Linnaeus*. Er war ein leidenschaftlicher Gärtner und legte um das Pfarrhaus herum einen herrlichen Garten an. Der kleine Carl lernte die Namen der Pflanzen kennen und konnte bald die einzelnen Arten voneinander unterscheiden. In dieser Zeit reifte, sehr zum Missfallen des Vaters, sein Entschluss, sich auch zukünftig mit der Pflanzenkunde zu beschäftigen. Seine schulischen Leistungen waren eher mittelmäßig und nur durch Fürsprache seines Schwagers und ehemaligen Hauslehrers Hoek schaffte er es an die Universität in Lund, wo er mit dem Medizinstudium begann, das damals wegen ihrer medizinischen Bedeutung die Pflanzenkunde einschloss. Schon nach einem Jahr wechselte er nach Uppsala. Hier wurde man wegen seines Fleißes und seiner Pflanzenkenntnisse auf den jungen Carl aufmerksam und gewährte ihm Zutritt zu Bibliothek und Herbar. Kurze Zeit später erschien seine erste Schrift über die *Hochzeit der Pflanzen*, in der er immer wieder das Wunder der Schöpfung hervorhebt und seine Beobachtungen in sehr poetische Worte kleidet. Das Jahr 1735 dürfte das ereignisreichste seines Lebens gewesen sein. Der 28-jährige Linné reiste über Hamburg nach Amsterdam, seine Dissertation im Gepäck, wurde dort zum Doktor der Medizin promoviert und konnte kurz darauf mit finanzieller Hilfe eines holländischen Sponsors sein Hauptwerk, die *Systema naturae*, in Leiden in der ersten Auflage herausbringen. In dieses Jahr fiel auch seine Verlobung mit Sara Elisabeth Moraea, die er nach seiner Rückkehr nach Schweden 1739 heiraten konnte, nachdem sich seine finanzielle Situation durch eine Festanstellung am Marinekrankenhaus in Stockholm stabilisiert hatte. Fünf Töchter und zwei Söhne wurden zwischen 1741 und 1757 geboren.

Im Alter von 34 Jahren wurde Linné 1741 auf den Lehrstuhl für praktische Medizin der Universität Uppsala berufen. Seine besondere pädagogische Begabung und der lebendige Unterricht führten einige hundert Studenten in seine Veranstaltungen. Zahlreiche kleinere und größere Arbeiten entstanden in dieser Zeit, unter anderem das dreibändige Lehrbuch über die Heilmittel aus dem Reich der Pflanzen, der Tiere und der Mineralien mit dem Titel *Materia medica*. 1758 erschien der erste Band der zehnten Auflage seiner *Systema naturae*, der 4.326 Tierarten in stringent durchgehaltener binominaler Nomenklatur aufführt. Diese Ausgabe fixiert den Beginn der allgemeinen Anwendung der binominalen Nomenklatur in der Zoologie. Der botanische Teil erschien als Band 2 ein Jahr später.

Gleichzeitig glaubte Linné, in seinem System eine vom Schöpfer gewollte Rangordnung entdecken zu können. Auf der niedrigsten Stufe sah er die Moose. Wie einfache Häusler müssten sie sich mit den ärmsten Böden begnügen, diese urbar machen und überhaupt allen höher gestellten Pflanzen zunutze sein. Auf der nächsten Stufe stünden die Gräser. Ihr Platz sei vergleichbar mit dem der Bauern. Sie machten die Stärke des Pflanzenreiches aus. Der Adel werde durch die bunte Vielfalt der Kräuter repräsentiert. Sie verdienten es, wegen ihrer Farbenpracht, ihres Duftes und ihres Geschmackes hoch geschätzt und bewundert zu werden. Über allen Gewächsen aber stünden, den Fürsten gleichzusetzen, die Bäume. Sie böten ihren Untertanen mancherlei Schutz und Fürsorge.

In gleicher Weise verfuhr er mit dem Tierreich. Natürlich nahm der Mensch in der von Linné erkannten Stufenleiter den obersten Platz ein. Er sei der Mächtigste von allen, könne die gierigsten Raubtiere bändigen und verstünde es, alle untergeordneten Tiere und Pflanzen für sich dienstbar zu machen. Wie alle Lebewesen sei auch der Mensch ein Teil der Natur und würde in den ihm gebührenden Grenzen gehalten. Das göttliche Naturgesetz ließe Kriege und Krankheiten überall dort entstehen, wo sich die Menschen im Übermaß vermehrt hätten.

Der Schlüssel zum Erfolg seiner Arbeit war die klare und praktikable Darstellung seiner Erkenntnisse. Linné verwendete vier Kategorien: Die unterste Stufe bildete die Art. Arten wurden zu

Gattungen gruppiert, diese wiederum den Ordnungen zugeteilt und die Ordnungen schließlich zu Klassen zusammengefasst. Mit der Nennung der beiden niedrigsten Kategorien – der Gattung und der Art – konnte jedes Tier und jede Pflanze von nun an genau und unverwechselbar bezeichnet werden. Genial ist dabei nicht nur die leicht überschaubare Stufenleiter, genial ist die Methode vor allem deshalb, weil hierbei Benennung und Beschreibung erstmals voneinander getrennt wurden. Aus einem *Scarabaeus thorace inermi, capite tuberculato, elytris rubris, corpore nigro* (Käfer mit unbewaffnetem Thorax, gekörneltem Kopf, roten Flügeldecken und schwarzem Körper) machte Linné einen *Scarabaeus fimentarius* mit nachfolgender Charakterisierung. Das bedeutete eine erhebliche Vereinfachung. Der Name war kurz und gut zu merken, zudem musste die Beschreibung lediglich die Merkmale zur Erkennung der Art enthalten, da alle übrigen Kennzeichen bereits mit Zuordnung zu den höheren Kategorien gegeben worden waren. Jetzt wurde es möglich, jede Art in der erforderlichen Ausführlichkeit zu beschreiben und dem System auf allen Ebenen beliebig viele neue Taxa anzugliedern.

Dieses Vorgehen wird als binominale Nomenklatur bezeichnet und ist zu einer weltweit gültigen Wissenschaftsnorm in der Biologie geworden. Alle heute bekannten 1,85 Millionen Lebewesen sind nach diesem von Linné eingeführten Prinzip unter Nennung von Gattung und Art mit einem eindeutigen wissenschaftlichen Namen belegt worden. Natürlich wurde das Prinzip im Laufe der Jahre durch Einfügen weiterer Kategorien verfeinert und teilweise durch eine trinominale Nomenklatur (Gattung, Art und Unterart bzw. Rasse) ersetzt. Zudem wird heute der Name des Autors, der die erste Beschreibung der Art veröffentlicht hat, angefügt (z.B. *Scarabaeus fimentarius* LINNÉ). Auch wenn viele seiner Neuerungen wenigstens ansatzweise in den zuvor erschienenen Arbeiten seiner Berufskollegen enthalten waren, setzte sich allein Linné mit seiner Art der Darstellung durch und erwarb sich damit bleibenden Ruhm.

Zwei Schlaganfälle in den Jahren 1772 und 1774 führten schließlich zur fast vollständigen Lähmung seines Körpers. Am 10. Januar 1778 wurde der bedeutendste Naturforscher des 18. Jahrhunderts von seinen Leiden erlöst. Linné wurde in der Domkirche zu Uppsala beigesetzt. Sein ältester Sohn Carl hatte bereits 1777 seinen Lehrstuhl in Uppsala übernommen, sein Nachlass aber wurde nach Erbstreitigkeiten nach England verkauft und wird von der *Linnean Society of London* verwaltet.

WERKE

Linné, C. v., 1737: *Flora Lapponica: Exhibens Plantas per Lapponiam Crescentes, secundum Systema Sexuale Collectas in Itinere Impensis.* Amsterdam, 372 S.

Linné, C. v., 1746: *Fauna Suecica.* Stockholm, 411 S.

Linné, C. v., 1758: *Systema naturae per regna tria naturae, secundum classes, ordines, genera, species, cum characteribus differentiis, synonymis, locis. 10. Auflage von Linné umgearbeitet und sehr stark vermehrt.* Holmiae, 829 S.

Linné, C. v., 1770: *Philosophia Botanica. In qua explicantur fundamenta botanica cum definitonibus partium, exemplis terminorum, obersavationibus ratiorum, adjectis figuris Aeneis.* Wien, 364 S.

GEORGES-LOUIS LECLERC, COMTE DE BUFFON

(7.9.1707–16.4.1788)

Mit seinem wissenschaftlichen Lebenswerk prägte dieser französische Gelehrte den Zeitgeist des ausgehenden 18. und beginnenden 19. Jahrhunderts. Seine umfassende allgemeine und spezielle Naturgeschichte gilt als einer der ersten Versuche, die Natur außerhalb religiöser Vorstellungen zu verstehen und zu beschreiben. Er beschäftigte sich eingehend mit der Entwicklung des Lebens auf der Erde und suchte nach wissenschaftlichen Erklärungen für den Wandel der Lebensformen im Laufe der Erdgeschichte. Seine Thesen dienten zahlreichen nachfolgenden Wissenschaftlern, allen voran Charles Darwin, als Orientierung für den eigenen wissenschaftlichen Weg.

Georges-Louis Leclerc, das erste der fünf Kinder, wuchs in Montbard rund 70 km nordöstlich von Dijon in beschaulicher Umgebung auf. Durch das von der Mutter eingebrachte Vermögen hatte die Familie keine Geldsorgen. Der bürgerlich geborene Vater war Jurist und für die Salzsteuer zuständig. Er nahm Buffon, ein kleines Dorf in seine Besitzungen auf und zog als *de Buffon* 1717 von der Provinz in die nahe gelegene Stadt Dijon. Hier fand er bald Eingang in die gehobene Gesellschaft und brachte es schließlich bis zum Mitglied des Parlaments. Sohn Georges-Louis erhielt eine gründliche Ausbildung im Jesuitenkolleg der Stadt. Wie auch sein Vater studierte er nach seinem Schulabschluss Jura und legte 1726 sein Examen ab. Danach zog er nach Angers, um hier Medizin, Mathematik und Pflanzenlehre zu studieren. Nach einem Duell musste er Angers fluchtartig verlassen und reiste nach Nantes, wo er dem jungen Duke of Kingston begegnete, der ihn mit den Schriften des Britischen Gelehrten Isaac Newton (1643–1727) bekannt machte. Gemeinsam unternahmen die beiden jungen Männer die in diesen Kreisen übliche Bildungsreise (die *Grand Tour*), die sie über Südfrankreich nach Italien führte. 1732 erreichten sie die „Ewige Stadt" Rom. Anschließend besuchten sie England, wo Buffon in London zum Mitglied der *Royal Society* gewählt wurde.

Der Tod seiner Mutter rief ihn nach Frankreich zurück, wo er sich als Privatgelehrter in Paris niederließ. Das von seiner Mutter ererbte Vermögen half ihm, sich in der Gesellschaft zu etablieren. Am 9. Januar 1734 wurde er als *Adjoint-mécanicien* in die *Académie Royale des Sciences* aufgenommen. Beeinflusst von der Lehre Newtons beschäftigte er sich mit verschiedenen Fragen zur Gravitation und zur Ballistik. Außerdem begann er spezielle forstwirtschaftliche Studien mit dem Ziel, die Marine mit besser geeignetem Bauholz zu versorgen. In seinem Geburtsort Montbard, der ihm von da an als Sommersitz diente, ließ er eine Versuchsbaumschule anlegen.

Dank seiner guten Beziehungen zu politischen und wissenschaftlichen Kreisen in Paris wurde er 1739 von König Louis XV. zum Superintendenten der Königlichen Gärten und zum Verwalter der naturhistorischen Sammlungen ernannt.

In seiner neuen verantwortungsvollen Position arbeitete er mit großer Disziplin. Schon morgens um 5:00 Uhr saß er an seinem Schreibtisch und arbeitete täglich im Durchschnitt zehn Stunden. Für seine großen Verdienste um den *Jardin des Plantes* wurde seine Besitzung vom König zur Grafschaft erklärt und er selbst durfte sich fortan *Comte de Buffon* nennen. Eine weitere große Würdigung seiner Verdienste war die Aufnahme in die *Académie Française* am 25. August 1753. Zudem war er Mitglied der Akademien der Wissenschaften zu Berlin und St. Petersburg.

Seine privaten Besitzungen führte er mit eiserner Hand, errichtete in Buffon ein Hüttenwerk und beschäftigte dort als erfolgreicher Unternehmer schließlich 400 Arbeiter.

Sein wissenschaftliches Lebenswerk, die *Histoire Naturelle*, basierte auf dem Plan, den gesamten Bestand der königlichen Sammlungen zu katalogisieren. 1749 begann er mit den Arbeiten zu dem ersten Band. 55 Jahre später war das gewaltige Werk abgeschlossen. Buffon konnte 37 Bände eigenhändig beisteuern.

Im Alter von 45 Jahren heiratete er die 20-jährige Francoise de Saint-Belin-Malain. Er hatte sie zwei Jahre zuvor im Ursulinenstift von Montbard kennengelernt. Ihr einziges Kind, ein Sohn, kam 1762 zur Welt. Das Eheglück war nur von kurzer Dauer. Francoise starb 1769. Bis zu seinem Tod am 16. April 1788 in Paris lebte Buffon allein und widmete sich seinem wissenschaftlichen Werk. Sein Sohn galt als hochintelligent und der Vater wünschte sich, dass sein Werk einmal von ihm weitergeführt werden würde. So bat er den jungen Jean-Baptiste de Lamarck (1744–1829), er möge Buffons Sohn auf seinen botanischen Studienreisen durch Europa mitnehmen. Doch der gerade 17-jährige Buffon Junior zeigte keinerlei Interesse an diesen Studien. Er bevorzugte das verschwenderische Leben in der feinen Gesellschaft, was ihn schließlich 1794 auf dem Schafott enden ließ.

Die *Histoire Naturelle* fasste das Wissen des 18. Jahrhunderts zusammen. Es steckt im Grunde voller Merkwürdigkeiten, weil es einerseits noch weit weg war von modernen biologischen Erkenntnissen, sich andererseits aber so weit von der kirchlichen Lehre entfernte, dass man darin durchaus Ansätze der Evolutionstheorie erkennen kann. Nicht mit den Dogmen der Kirche vereinbar war, dass Buffon das Alter der Erde auf 75.000 Jahre errechnete, sie sogar auf ein Alter von mehr als 100.000 Jahre schätzte, vielleicht wäre sie sogar älter als 300.000 Jahre. Dass ihn dies in Schwierigkeiten mit der Kirche brachte, ist nicht verwunderlich, galt doch zur jener Zeit das von Theophilus von Antiochia aus den Angaben der Bibel errechnete Datum 5529 vor Christi Geburt als das Schöpfungsjahr der Erde.

Seine These gründete dennoch auf der Schöpfungsgeschichte der Bibel, indem er den Schöpfungsakt nicht in Tagen sondern in

Epochen vollzogen sah. In der ersten Epoche sei die Erde flüssig gewesen, in den folgenden Epochen habe sich das heutige Bild der Erde unter allmählicher Abkühlung mehr und mehr geformt. Die ersten Großsäugetiere wie Nilpferd und Elefant hätten in der fünften Epoche auf der noch warmen Erde gelebt. In der kühleren sechsten seien Mammuts und andere eiszeitliche Tiere aufgetreten. Die siebte und letzte Epoche schließlich gehörte dem Auftreten des Menschen.

Buffon genoss allerhöchstes Ansehen, die *Histoire Naturelle* gehörte zur Pflichtlektüre gebildeter Stände und war in allen bürgerlichen Stuben zu finden, so wie später das Konversationslexikon. Es förderte und prägte das unabhängige Denken im Zeitalter der Aufklärung. Für viele Wissenschaftler des 19. Jahrhunderts, allen voran Jean-Baptiste de Lamarck und Charles Darwin, war es Orientierung und Anregung zugleich.

Sein Hauptwerk, zu dem er die ersten 37 Bände selbst oder zusammen mit den Koautoren, Louis-Jean-Marie Daubenton (1716–1800), Gabriel Léopold Charles Aimé Bexon (1748–1784) und Philibert Abbé Guéneau de Montbéliard (1720–1785) beisteuerte, erfuhr posthum zahlreiche Neuauflagen und Erweiterungen. Die Bände 38 bis 45 der ersten Ausgabe stammen aus der Feder von Bernard Germain Etienne Comte de Lacépède (1756–1825) und behandeln die Reptilien (Bände 38 & 39), die Fische (Bände 40 bis 44) und die Wale (Band 45). Zwischen 1799 und 1808 entstand eine 65-bändige Ausgabe, die erstmals auch Insekten, Krebstiere, Mollusken (Schnecken, Tintenfische u.a.) und Pflanzen einschloss. Die 80-bändige Ausgabe schließlich, die zwischen 1801 und 1803 herausgegeben wurde, stellt eine von weiteren Wissenschaftlern stark erweiterte und teilweise neu bearbeitete Ausgabe von Buffons Werk dar. Die deutsche Übersetzung erschien zwischen 1750 und 1788 in Leipzig und entsprach in ihrer Bandzählung weitgehend der ersten französischen Ausgabe.

WERKE

Buffon, G.-L. L., Comte de, 1749–67: Histoire Naturelle, Générale et Particulaire: avec la Description du Cabinet du Roy. Paris, Bde. 1: Théorie de la terre, 2 & 3: Histoire naturelle de l'homme, 4–15: Histoire naturelle des aniamux quadrupèdes.

Buffon, G.-L. L., Comte de, Daubenton, L. J.-M., Montbeillard, Ph. G. de
& l'abbé Bexon, G. L. Ch. A., 1770–1786: Histoire Naturelle, Générale
et Particulaire, avec la Description du Cabinet Du Roi. Paris, Histoire
Naturelle des Oiseaux I–IX. Bde. 16–24.

Buffon, G.-L. L., Comte de & Daubenton, L. J.-M., 1749–1767: Histoire
Naturelle, Générale et Particulaire: avec la Description du Cabinet du
Roy. Paris, Bde. 25: Théorie de la terre, introduction à l'histoire des
minéraux, 26: Théorie de la terre, parties expérimentale et hypothétique,
27: Animaux quadrupèdes, 28: Histoire naturelle de l'homme, 29: Des
époques de la nature, suite à la théorie de la terre, 30 & 31: Animaux
quadrupèdes.

Buffon, G.-L. L., Comte de, 1766–1785: Histoire Naturelle, Générale et
Particulaire, avec la Description du Cabinet Du Roi. Paris, Histoire
Naturelle des Minéraux I–V. Bde. 32–37.

CONTE GIOVANNI ANTONIO SCOPOLI

(13.6.1723–8.5.1788)

Der Tiroler Arzt und Naturforscher war ein hervorragender
Kenner der Tier- und Pflanzenwelt. Er gehörte zu den ersten, die
die von Linné entwickelte binominale Nomenklatur konsequent
angewendet und weiter verbreitet haben. 943 Pflanzenarten und
Unterarten wurden von ihm neu beschrieben.

Der Sohn eines Juristen wurde am 13. Juni 1723 in Cavalese
in Tirol geboren. Er studierte Medizin in Innsbruck und ließ sich
nach seinem erfolgreichen Studienabschluss zunächst in seinem
Heimatort und dann in Venedig als Arzt nieder. Zwischen 1754
und 1769 arbeitete er als Arzt in einem Bergwerk der slowenischen
Provinz Krain.

Da das Medizinstudium zu jener Zeit auch die Tier- und Pflanzenkunde einschloss, brachte der Arzt Scopoli die Voraussetzung
mit, sich auf wissenschaftlichem Niveau der heimischen Tier- und
Pflanzenwelt zu widmen. Seine in dieser Zeit zusammengetrage-
nen, umfangreichen Sammlungen, die Grundlage für seine beiden
Hauptwerke, die Flora Carniolica von 1760 und die Entomologica
Carniolica von 1763, sollen 1766 durch ein Feuer komplett vernichtet
worden sein.

Scopoli unterhielt einen regen Schriftwechsel mit Carl von Linné. Der stete Gedankenaustausch veranlasste ihn, die binominale Nomenklatur des schwedischen Forschers für seine eigenen Arbeiten zu berücksichtigen. Daher (und weil sie nach 1758 erschienen sind) genießen alle von Scopoli neu beschriebenen Tier- und Pflanzenarten heute Priorität.

Der Direktor des Bergwerks in Krain, bei dem er als Arzt beschäftigt war, zeigte sich unzufrieden mit Scopoli, weil er zu viel Zeit auf seine naturkundlichen Arbeiten verwenden würde. Deshalb wechselte er 1769 nach 16 Jahren Dauerstress an die Bergakademie in Schlemnitz, wo er als Professor für Chemie, Mineralogie und Metallurgie mehr Freiheiten genoss. Seine letzte Wirkungsstätte fand er ab 1777 an der Universität zu Pavia, wohin er auf den Lehrstuhl für Naturgeschichte berufen wurde. Bis zu seinem Tod am 8. Mai 1788 unterrichtete er Chemie und Botanik.

In Würdigung seiner wissenschaftlichen Leistung trägt das bei Nachtschattengewächsen verbreitete Alkaloid *Scopolamin* seinen Namen. Auch eine Pflanzengattung der Nachtschattengewächse, das Tollkraut (*Scopolia*), ist ihm gewidmet.

WERKE

Scopoli, G. A., 1760: Flora Carniolica exhibens plantas Carniolae indigenas et distributas in classes naturales cum differentiis specificis, synonymis recetiorum, locis natalibus, nominibus incolarum observationibus selectis, viribus medicis. Wien, 607 S.

Scopoli, G. A., 1763: Entomologica Carniolica exhibens insecta Carnoliae indiguena et dustributa in ordines, genera, species, varietas, methodo Linneana. Wien, 420 S.

Scopoli, G. A., 1769–72: Anni historico-naturales. Leipzig, 5 Bde., 667 S.

Scoppoli, G. A., 1772: Flora carniolica; exhibens plantas Carnioliae indigenas et distributas in classes, genera, species, varietas ordine linneano. Wien, 65 S.

Scopoli, G. A., 1777: Introductio ad historiam naturalem sistens genera lapidum, plantarum, et animalium hactenus detecta, caracteribus essentialibus donata, in ntribus divisa, subinde ad leges naturae. Prag, 506 S.

Scopoli, G. A., 1783–86: Fundamenta botanica. Pavia, 174 S.

Scopoli, G. A., 1783–86: Fundamenta botanica praelectionibus publicis accommodata. Wien, 188 S.

Scopoli, G. A., 1786–88: Deliciae Flora et Fauna Insubricae, seu novae, aut minus cognitae species plantarum et animalium quas in insubria Austriaca tam spontaneas, quam exoticas vidit descripsit et aeri indici curavit. Pavia, 3 Bde., 287 S.

HANS SPEMANN

(27.6.1869–12.9.1941)

Den Übergang von einer rein beobachtenden Naturkunde zu einer Wissenschaft, die Fragen stellt und experimentell beantwortet, hat Hans Spemann durch seine sorgsam geplanten Untersuchungen entscheidend geprägt. Für seine grundlegenden Erkenntnisse auf dem Gebiet der Entwicklungsgeschichte der Tiere, der Ontogenese, hat er im Jahr 1935 als bis dahin zweiter Biologe den Nobelpreis für Medizin oder Physiologie erhalten.

Am 27. Juni 1869 kam Sohn Hans als erstes von fünf Kindern der Familie Spemann in Stuttgart zur Welt. Sein Vater, Johann Wilhelm Spemann, hatte einen großen Verlag für Kunst- und schöngeistige Literatur. In den gutbürgerlichen Kreisen achtete man sehr auf eine hervorragende Erziehung der Kinder, teilweise unterstützt durch einen Privatlehrer. Hans war ein guter Schüler und kann sich nach dem Abitur, 1888 am Eberhard-Ludwig-Gymnasium in Stuttgart, und einer Lehre im väterlichen Geschäft im Herbst des Jahres 1891 an der Ruprecht-Karls-Universität in Heidelberg für das Medizinstudium einschreiben. (Passage verschoben) Nach dem Physikum verließ er Heidelberg und wechselte nach München, um dort sein Studium fortzusetzen. Die klinische Medizin war nicht das, was er sich vorgestellt hatte. Immer mehr erwachte in ihm das Interesse an der Biologie, speziell an der Entstehung und der Entwicklung tierischen Lebens. Auf Anraten seiner Münchener Dozenten bemühte er sich im Frühjahr 1894 bei Professor Theodor Boveri in Würzburg, einem wegen seiner experimentellen Arbeiten auf dem Gebiet der Embryologie schon mit 32 Jahren sehr angesehenen Wissenschaftler, mit Erfolg um ein Thema für eine Doktorarbeit. Um die Familie seiner Frau nicht zu kompromitieren, soll er eine Dissertation über die Entwicklung der Geschlechtsorgane beim Bandwurm abgelehnt und stattdessen die Entwicklung des parasitischen Fadenwurms (Strongylus paradoxus) als Thema gewählt haben. 1895 wurde er in Würzburg promoviert. (Passage hierher verschoben) Ein Jahr darauf, im Frühsommer 1896, heiratete er seine Jugendliebe, Klara Binder. Das Paar hatte drei Söhne und eine Tochter. Ein Lungenspitzenkatarrh zwang ihn zu pausieren. Den Winter 1896/97 verbrachte er in Sanatorien in den Schweizer und Italienischen Alpen.

Nach seiner Habilitation im Frühjahr 1898 wurde er Privatdozent am Würzburger Zoologischen Institut. Er arbeitete weiterhin eng mit Boveri zusammen, widmete sich der Lehre und sammelte zudem wertvolle Erfahrungen auf dem administrativen Sektor der Hochschule. In dieser Würzburger Zeit vollzog er den Wechsel von der rein deskriptiven Arbeit zur experimentellen entwicklungsphysiologischen Methodik. Als Versuchstier erschienen ihm Frösche und Molche besonders geeignet, da sie neben guter Verfügbarkeit transparente Eihüllen besitzen, so daß er die Auswirkungen seiner experimentellen Eingriffe in die Embryonalentwicklung von Anfang an unmittelbar verfolgen konnte. Er entdeckte, daß sich schon in einem sehr frühen Stadium der Keimesentwicklung eine Zellregion, die er wegen Farbe und Form den „Grauen Halbmond" genannt hat, zu einer Art Steuerungszentrale entwickelt, ohne die eine geordnete Entwicklung des Keimlings unterbleibt. Seine Arbeiten weckten das Interesse der Mediziner, die sich mit Hilfe der von Spemann gewonnenen Erkenntnisse weitergehende Einblicke in die Entstehung siamesischer Zwillinge beim Menschen versprachen. Fast zehn Jahre mußte er warten, bis an den Universitäten des Deutschen Kaiserreiches endlich wieder eine Professur für Zoologie oder vergleichende Anatomie zu besetzen war. 1908 erhielt er den Ruf als Ordinarius auf den Lehrstuhl für Zoologie und vergleichende Anatomie in Rostock. Lehre und Verwaltungsaufgaben ließen wenig Zeit für die weitere Forschungen; so war er schließlich froh, daß er im Herbst 1914 als zweiter Direktor an das neu gegründete Kaiser-Wilhelm-Institut für Biologie in Berlin-Dahlem wechseln konnte. Hier konnte er sich wieder ganz seiner Forschung widmen. Immer präziser wurden seine Vorstellungen über die Steuerungsvorgänge bei der Bildung der einzelnen Organe und über das koordinierende Zusammenwirken einzelner Zellregionen bei der weiteren Ausdifferenzierung des Embryos.

Der erste Weltkrieg brachte zunehmend Einschränkungen für den Forscher. Begonnene Arbeiten mussten unvollendet abgebrochen werden, weil Mitarbeiter an die Front eingezogen wurden, und die räumliche Situation wurde immer beengter, weil das Militär Arbeitsräume für ihre kriegswichtigen Forschungen in Beschlag nahm.

Nach dem Ende des Krieges verschärften sich die Auseinandersetzungen zwischen den verschiedenen politischen Strömungen in Deutschland, Unruhen und Straßenkämpfe in Berlin behinderten seine Arbeit. In dieser Situation nahm Spemann im Frühjahr 1919 den Ruf in das ruhigere Freiburg dankbar an. Dort konnte er sich endlich wieder der Lehre widmen, die ihm in Berlin mehr und mehr gefehlt hatte. In Freiburg nahm er eine große Zahl von Doktoranden an. In seiner wissenschaftlichen Arbeit erreichte er jetzt den Durchbruch zu einem weltweit beachteten Entwicklungsphysiologen. Er wurde Mitherausgeber einer angesehenen Fachzeitschrift, lud Kollegen aus aller Welt zu Fachkongressen nach Freiburg, erhielt zahlreiche Ehrungen und war ein begehrter Gastredner. Allein dreimal wurde er zu Vorträgen in die USA eingeladen. Daneben machte er die Bildung breiter Bevölkerungsschichten zu seiner zweiten wichtigen Aufgabe, da er das unterschiedliche Bildungsniveau in der Bevölkerung mit Sorge betrachtete. Er wurde Vorsitzender der neu gegründeten Volkshochschule in Freiburg und engagierte sich besonders für die Jugend, führte die Gruppenarbeit ein und bildete Diskussionsforen.

Als sich die politischen Verhältnisse in Deutschland nach 1918 abermals änderten, blieb er zurückhaltend und wurde wegen seiner nicht genehmen politischen Haltung von den Nationalsozialisten schon im Jahr 1933 als Vorsitzender der Volkshochschule abgesetzt. Er blieb sich treu, vermeidete in seinen Briefen den obligatorisch gewordenen Hitlergruß, unterzeichnete statt dessen seine Schreiben weiterhin mit „Hochachtungsvoll" und half nach Kräften jüdischen Schülern und Kollegen. Als er im Jahr 1935 für sein wissenschaftliches Werk den Nobelpreis für Medizin oder Physiologie erhielt – er sei durch die Verleihung des Preises wohl bekannter, aber nicht gescheiter geworden –, nutzte er die Popularität eines frisch ernannten Nobelpreisträgers im darauffolgenden Jahr auf dem zoologischen Kongreß in Freiburg, um entgegen der Zeitströmung unter dem Hinweis auf den völkerverbindenden Charakter der Naturwissenschaften noch einmal für die Unabhängigkeit der biologischen Wissenschaften einzutreten.

Spemann sollte das Ende der nationalsozialistischen Herrschaft in Deutschland nicht mehr miterleben. Er starb nach immer häufiger auftretenden Erkrankungen am 12. September des Jahres 1941 an Herzversagen.

WERKE

Spemann, H., 1936: Experimentelle Beiträge zu einer Theorie der Entwicklung. Berlin, 296 S.
Spemann, H, 1943: Forschung und Leben. Stuttgart, 344 S.

JEAN-BAPTISTE PIERRE ANTOINE DE MONET, CHEVALIER DE LAMARCK

(1.8.1744–28.12.1829)

Der Name dieses französischen Wissenschaftlers fällt regelmäßig im Zusammenhang mit der Evolutionstheorie, die später von Darwin (1809–1882) und Wallace (1823–1913) entwickelt worden ist. Lamarcks Theorie der Transformation der Arten wird allgemein auf die Vererbung erworbener Eigenschaften reduziert. Unerwähnt bleibt meist, dass er in seiner Transformationstheorie die Spontanentstehung von Leben annimmt. Die spontan entstandenen Lebensformen besäßen demnach den einfachsten Bauplan. Dieser wird im Laufe der Zeit zunehmend komplexer, so dass das höchstentwickelte Wesen – der Mensch – der Theorie nach die älteste Lebensform der Erde darstellen muss.

Es wäre wahrlich zu kurz gegriffen, würde man diese Theorie als das Hauptwerk des Wissenschaftlers Lamarck hervorheben, obwohl seine Bekanntheit heute darauf beruht. Die Bedeutung dieses Mannes ergibt sich vielmehr daraus, dass er als Begründer der modernen Biologie gelten kann, der dieser Wissenschaft nicht nur ihren heute gebräuchlichen Namen *Biologie* gab, sondern auch die Einteilung des Tierreichs in seine Stämme und Klassen in ihren Grundzügen anlegte.

Als elftes Kind der Eheleute Marie-Francoise de Fontaines de Chuignolles und Philippe Jacques de Monet de la Marck wurde Jean-Baptiste am 1. August 1744 in einem kleinen Ort in der Picardie im Nordwesten Frankreichs geboren. Die Familie gehörte dem niederen Adel an und lebte in bescheidenen Verhältnissen. Der Vater bestimmte für Jean-Baptiste den Beruf eines Geistlichen. Nur widerwillig begann der Elfjährige seine Schulausbildung am Jesuiten-Kolleg im benachbarten Amiens. Er verließ es sofort, als sein Vater 1759 starb und meldete sich freiwillig zur Armee. Er wollte Offizier werden wie seine Brüder und wie es auch der Tradition der Familie entsprach. Mit großer Tapferkeit beteiligte er sich am Siebenjährigen Krieg (1756–1763) und wurde nach Kriegsende an der Mittelmeerküste stationiert. Der Militärdienst ließ ihm ausreichend Zeit, sich mit der Natur, den Pflanzen und Tieren eingehend zu beschäftigen. Eine Verwundung zwang ihn 1768, die Armee zu verlassen. Er ging nach Paris, hielt sich mit verschiedenen Jobs über Wasser und begann schließlich 1770 Medizin zu studieren. Er brachte das Studium nicht zum Abschluss. Allerdings verschaffte es ihm Zugang zu den bedeutendsten Gelehrten jener Zeit. Kein geringerer als Jean-Jaques Rousseau (1712–1778) soll ihn ermutigt haben, seine beeindruckenden Kenntnisse auf dem Gebiet der Pflanzenkunde in einem Buch zusammenzufassen. In dem Comte de Buffon (1707–1788) fand er einen einflussreichen Gönner, der dafür sorgte, dass sein Manuskript in drei Bänden auf Staatskosten gedruckt wurde. Es erschien 1779 unter dem Titel *Flore françoise*. Comte de Buffon war es auch zu verdanken, dass Lamarck daraufhin in die Botanische Klasse der Pariser *Académie des Sciences* aufgenommen wurde und sich ab 1881 als *Correspondant des Jardin des plantes* bezeichnen durfte. Mit einem regelmäßigen Einkommen waren diese Ehrentitel jedoch nicht verbunden. Das änderte sich erst 1788 mit der Ernennung zum Kustos am Jardin des Plantes. Seine wohlklingende Berufsbezeichnung lautete nun *Botaniste du roi avec le soin et la garde des herbiers*.

Zusätzliche Einnahmen bescherten ihm die Mitarbeit an zwei großen naturkundlichen Werken. Zur achtbändigen *Encyclopédie méthodique: botanique* steuerte er die ersten drei Bände bei, die 1783 bis 1785, 1785 bis 1786 und 1789 bis 1792 herausgegeben wurden. Gleichzeitig arbeitete er am *Tableau encyclpédique et méthodique des trois règnes de la Nature* mit. Das sechs Bände umfassende Werk erschien zwischen 1791 und 1823.

Ende der achtziger Jahre des 18. Jahrhunderts änderten sich für ihn die Umstände entscheidend. Zunächst starb 1788 sein Förderer, der Comte de Buffon, dann begann ein Jahr später die Französische Revolution. Sie führte zu grundlegenden Veränderungen, von denen Lamarck profitieren konnte. Auf Beschluss der Nationalversammlung wurden der Jardin des Plantes, die königliche Ménagerie und das königliche Naturalienkabinett 1793 zum Muséum National d'Histoire Naturelle de Paris zusammengeführt. Lamarck wurde zum Professor ernannt und war fortan für die Insekten und Würmer zuständig. Étienne Geoffroy de Saint-Hilaire (1772–1844) übernahm die Zuständigkeit für die Säugetiere, Vögel, Reptilien und Fische. Es ist viel darüber spekuliert worden, warum der durch seine Arbeiten ausgewiesene Botaniker nicht in seinem Fachgebiet zum Zuge kam. Die *Animaux sans Vertèbres*, die wirbellosen Tiere, wie er die ihm zugeordneten Tiergruppen zusammenfasste, waren ihm nicht völlig fremd, da er ein ausgewiesener Kenner und Sammler von Muscheln war. Das von ihm erwartete zusammenfassende Werk über diese Tiergruppe erschien allerdings nie, trotz gegenteiliger Beteuerungen seinerseits.

Mit seiner Anstellung als Professor erhielt Lamarck so etwas wie einen Traumjob: eine gut dotierte, sichere Anstellung und die Freiheit von Forschung und Lehre. Er hielt gut besuchte Vorlesungen, ordnete die in seiner Abteilung zusammengekommenen Sammlungen und schrieb bedeutende Bücher.

Das erste Werk in seiner neuen Position war eine ordnende Zusammenfassung des Wissens über „seine" Tiergruppen. *Système des animeaux sans vertèbres* erschien erstmals 1801. Er arbeitete und publizierte weit über sein eigentliches Fachgebiet hinausgehend. Die Themen seiner Veröffentlichungen und zusammenfassenden Bücher reichen von der Physik, der Chemie und der Geologie bis hin zur Meteorologie. Anerkennung und Beachtung fand er jedoch im Wesentlichen nur auf dem Gebiet der wirbellosen Tiere.

Ganz im Sinne seines verstorbenen Gönners Buffon, hielt er kritische Distanz zu den Schriften Linnés und versuchte die Vielfalt der existierenden sowie der nur fossil überlieferten Lebensformen entwicklungsgeschichtlich zu interpretieren. Seine Untersuchungen zur fossilen Weichtierfauna des Pariser Beckens leiteten ihn zu der Überzeugung, dass Arten sich im Laufe der Zeit weiter entwickeln und höhere Organisationsstufen erreichen. Dabei spielen Einflüsse aus der Umwelt der Tiere eine entscheidende Rolle. Umfassend legte er diese Gedanken 1809 in seinem Buch *Philosophie zoologique* vor. Die *Transformationstheorie* geht allerdings von der falschen Ansicht aus, dass Leben spontan entstehen kann und sich dann zu höheren Lebensformen entwickelt. Die Höhe der Entwicklungsstufe einer Art wäre folglich das Abbild ihres geologischen Alters. Der Mensch als höchstentwickelte Lebensform müsse daher auch die älteste sein. Das Buch fand jedoch nicht die von ihm erhoffte Anerkennung. Vielmehr sah er sich nun zunehmend missverstanden und verfolgt. Verbittert zog er sich mehr und mehr zurück.

Die *Histoire Naturelle des Animaux sans Vertèbres* bildete den krönenden Abschluss seines wissenschaftlichen Schaffens. Die siebenbändige Ausgabe erschien ab 1815 und war 1822 abgeschlossen.

Als seine Professur 1818 endete, war er vollends zum schrulligen Außenseiter und Einzelgänger geworden. Erblindet und mittellos starb er von der Öffentlichkeit weitgehend unbeachtet am 28. Dezember 1829 in Paris. Lamarck war viermal verheiratet und Vater von sechs Kindern.

Mit seiner Transformationstheorie nahm er die Evolutionstheorie von Darwin und Wallace nicht vorweg, obwohl er darin, ausgehend von spontan entstandenen einfachsten Lebensformen die allmähliche Entwicklung zu immer komplexeren Wesen postulierte. Abgesehen davon, dass er den Entwicklungsprozess nicht plausibel erklären konnte und in seiner möglicherweise gegebenen „Hilflosigkeit" dann von der Vererbung erworbener Eigenschaften sprach, ist es die von ihm zum Prinzip erhobene Zielgerichtetheit der Entwicklung, durch die sich seine Transformationstheorie von der Evolutionstheorie unterscheidet. Den von Lamarck postulierten Trieb zur Vervollkommnung ersetzt die Evolutionstheorie durch das zufallsgesteuerte Wirken von Mutation und Selektion. Dennoch betonte Charles Darwin, dass er sich mit dem Werk Lamarcks intensiv auseinander gesetzt hat.

WERKE

Lamarck, J.-B. P. A. de, 1779: Flore Francaise ou descriptions succinctes de toutes les plantes qui croissent naturellement en France, disposées selon une nouvelle methode d'analyse, et precedees par un expose des principes élementaire de la botanique. Paris, 2.600 S.

Lamarck, J.-B. P. A. de, 1801: Système des animaux sans vertèbres ou tableau géneral des classes, des ordres et des genres de ces animaux. Paris, 432 S.

Lamarck, J.-B. P. A. de, & Candolle, A. P. de, 1806: Synopsis plantarum in flora Gallica descriptarum. Paris, 432 S.

Lamarck, J.-B. P. A. de, 1809: Philosophie Zoologique ou Exposition des considérations relatives à l'histoire naturelle des animaux. Paris, 2 Bde., ca. 800 S.

Lamarck, J.-B. P. A. de, 1815–22: Histoire Naturelle des Animaux sans Vertèbres: présentant les caractères généraux et particuliers de ces animaux, leur distribution, leurs classes, leurs familles, leurs genres et la citation des principales espèces qui s'y rapportent: précédée d'une introduction offrant la détermination des caractères essentiels de l'animal, sa distinction du végétal et des autres corps naturels, enfin, l'exposition des principes fondamentaux de la zoologie. Paris, 6 Bde., ca. 4.000 S.

Lamarck, J.-B. P. A. de, Mirbel, B., Brisseau, Ch.-F. de & Buffon, G. G. L. L. Comte de, 1830: Histoire naturelle des Végéteaux classées par Familles. Paris, 15 Bde., ca. 6.500 S.

KARL ERNST VON BAER

(17. 2.1792–16.11.1876)

Zweifelsohne gehört Karl Ernst von Baer zu den Vätern der klassischen Embryologie. Seine Suche nach Grundmustern in der Keimesentwicklung veranlasste ihn, bei einer Vielzahl von Tiergruppen eigene Untersuchungen zur Embryonalentwicklung vorzunehmen. Dabei machte er grundlegende Entdeckungen und formulierte verschiedene Gesetzmäßigkeiten, die von nachfolgenden Forschern großenteils in ihrer Gültigkeit bestätigt bzw. um weitere Fakten erweitert wurden. Er isolierte und beschrieb erstmals das Ei eines Säugetiers und machte sich zudem als Anthropologe einen Namen mit der Standardisierung der Schädelvermessung beim Menschen.

Estland

Karl Ernst von Baer kam am 17. Februar 1792 in Piibe im heutigen Estland zur Welt. Er besuchte die Mittelschule in Tallinn und schrieb sich nach dem Ende der Schulzeit an der Universität Dorpat (heute Tartu) zum Studium der Medizin ein. Als sich der Zar 1812 zum Eintritt in den Krieg gegen Napoleon entschied, meldete sich der 20-jährige Baer freiwillig zum russischen Heer, dem er bis zum Rückzug Napoleons aus Russland angehörte. Baer nahm sein Medizinstudium wieder auf und beendete es im folgenden Jahr erfolgreich mit der Promotion. Noch im gleichen Jahr reiste er nach Berlin, um seine praktischen Medizinkenntnisse zu vertiefen. Schließlich konnte er in Wien als Arzt an verschiedenen Kliniken arbeiten. Mit dem festen Entschluss, praktischer Arzt zu werden, war er nach Wien gekommen, doch bald regten sich Zweifel an der Richtigkeit seiner Entscheidung. Zu viele andere Interessen in der Anthropologie, in der Ethnologie und in der Biologie locken ihn. Schließlich verließ er Wien, und reiste 1814 zu Ignaz Döllinger (1770–1841) nach Würzburg, einem anerkannten Lehrer der vergleichenden Anatomie. Unter dessen Anleitung studierte er die Baupläne von Würmern, Insekten sowie anderen wirbellosen Tieren und verglich sie miteinander. Hier wurde sein grundsätzlicher Arbeitsansatz deutlich, vom einzelnen Untersuchungsergebnis grundlegende Regeln abzuleiten und durch Vergleiche vieler Einzelergebnisse übergeordnete Grundmuster herauszuarbeiten. Fast vier Jahre blieb er in Würzburg, dann konnte er wieder an die Ostseeküste zurückkehren. Er wurde 1819 Prosektor in Königsberg und noch im gleichen Jahr Ordinarius für Zoologie. Es begann eine sehr erfolgreiche Zeit als Hochschullehrer. In seinen Vorlesungen behandelte er die Anatomie der wirbellosen Tiere, die er in Würzburg ausgiebig studiert hatte. Er begann sich für die embryonale Entwicklung der Tiere zu interessieren und hielt Vorlesungen über die Entwicklung des Haushuhns, in die auch seine eigenen ergänzenden Beobachtungen einflossen. Als er gebeten wurde, den embryologischen Teil für das Handbuch der Physiologie zu schreiben, vertiefte er sich in das Studium der vergleichenden Embryologie der Wirbeltiere. Seine Studienobjekte waren zunächst Frösche und Salamander, dann auch Eidechsen. Er entdeckte Gemeinsamkeiten und Unterschiede im Ablauf der Embryonalentwicklung und konnte schließlich mehrere verschiedene Entwicklungstypen unterscheiden. Dann wandte er sich den Säugetieren zu, über deren Entwicklung bis dahin wenig bekannt war. Vor allem die Frage, ob auch bei dieser Tiergruppe die Entwicklung mit einem Ei beginne, wurde im beginnenden 19. Jahrhundert in der Fachwelt noch immer kontrovers diskutiert. Baer war es vorbehalten, diese strittige Angelegenheit 1828 endgültig zu klären, indem er ein unbefruchtetes Ei aus dem Eierstock eines Hundes isolierte. Noch im selben Jahr wurde er als ordentliches Mitglied in die St. Petersburger Akademie der Wissenschaften aufgenommen. Wegen der besseren Arbeitsbedingungen blieb er in Königsberg. Dort erschien kurz darauf der erste Band seiner *Entwickelungsgeschichte der Thiere*, in dem er das gesamte Wissen der Zeit über die Entwicklung des Kükens im Ei zusammenfasste und mit den seine Arbeit kennzeichnenden grundsätzlichen Schlussfolgerungen abschloss. Ein großes Werk, das jedoch in der Fachwelt nicht die ihm gebührende Anerkennung fand. Schließlich musste er erfahren, dass auch sein Rang als Entdecker der Eizelle von Säugetieren öffentlich infrage gestellt wurde. Trotz tiefer Enttäuschung setzte er seine wissenschaftlichen Arbeiten auf dem Gebiet der Embryologie fort. Er wollte die wichtigsten Entwicklungstypen im Tierreich beschreiben. Säugetiere, Echsen, Frösche und Fische standen im Mittelpunkt seiner Untersuchungen. Daneben wurden auch Wachstum und Entwicklung von Pflanzen erforscht. Unermüdlich arbeitete er an seinem großartigen Forschungsziel, doch die selbst gestellte Aufgabe erwies sich als zu gewaltig. Aus gesundheitlichen Gründen musste er klein beigeben.

Wieder wurde er als Mitglied in die Akademie der Wissenschaften in St. Petersburg gewählt. Dieses Mal nahm er an und zog 1834 mit seiner Frau und seinen sechs Kindern nach St. Petersburg. Seine hohe Verschuldung ließ nur ein bescheidenes Leben zu. Unter anderem machte er sich in St. Petersburg als Bibliothekar der Auslandsabteilung der Akademie verdient. Er ordnete den Buchbestand der Bibliothek, die in Anerkennung seiner Arbeit noch heute Baer-Bibliothek heißt. Wissenschaftlich versuchte er neue Erkenntnisse in der Embryonalentwicklung zu gewinnen, indem er abnorme und monströse Verläufe dokumentierte. 1837 konnte er den zweiten Band seines Werkes *Über Entwickelungsgeschichte der Thiere* veröffentlichen. Die als krönendes Werk geplante Beschreibung der Embryonalentwicklung des Menschen musste er unvollendet aufgeben. Er wandte sich stattdessen der Embryonalentwicklung der wirbellosen Tiere zu, reiste ans Mittelmeer, sammelte Seeigel, Seesterne und Seescheiden und beschrieb deren Entwicklungsgang. Auch diese Studien blieben unveröffentlicht und Baer kehrte der Embryologie endgültig den Rücken zu. Er beschäftigte sich von nun an mit Geographie und Anthropologie.

1867 endete für Baer die Zeit in St. Petersburg. Er kehrte in seine Heimat Estland zurück. Mit einer stattlichen Leibrente war er nun frei von allen Geldsorgen und konnte sich voll und ganz seinen Interessen widmen. Die Evolutionstheorie des Engländers Charles Darwin, die in dieser Zeit für große Aufregung sorgte, lehnte er strikt ab. Sie greife seiner Meinung nach zu kurz. Nach seiner Überzeugung als Wissenschaftler, der sich intensiv mit der Embryologie beschäftigt hat, gebe es auch eine innere Selektion, die den Verlauf der Entwicklung einer Art vom Ei zum Jungtier beständig optimiere. Es existiere ein von innen heraus gesteuertes Streben nach Perfektion und Vollkommenheit, so dass die Selektion im Sinne Darwins für ihn als nachrangig zu bewerten war. Mit ähnlichem Ansatz entwickelte rund 100 Jahre später der Senckenberger Wissenschaftler Wolfgang Friedrich Gutmann (1935–1997) die sogenannte *Frankfurter Evolutionstheorie*.

Eine Gesetzmäßigkeit, die Baer aufgrund seiner umfangreichen Untersuchungen erkannte, nutzte Darwin (1809–1882) später zur Untermauerung seiner Evolutionstheorie. Er nannte sie das *Gesetz der Keimähnlichkeit*. Mit seinen Darstellungen zur Embryonalentwicklung scheint Baer auch das *Biogenetische Grundgesetz* von Ernst Haeckel (1834–1919) in seinen Grundzügen vorweggenommen zu haben. Doch im Gegensatz zu Haeckel deutete Baer seine embryonale Typenlehre nicht vor dem Hintergrund der Evolutionslehre und wies Haeckels Theorien mit polemisierender Gegenargumentation zurück.

Karl Ernst von Baer starb am 16. November 1876 nach kurzer Krankheit in Dorpat, drei Monate vor seinem 85. Geburtstag.

Anlässlich der Feier seines 50-jährigen Doktorjubiläums stiftete die Akademie der Wissenschaften in St. Petersburg ihm zu Ehren den Baer-Wissenschaftspreis für die beste Arbeit auf dem Gebiet der Biologie.

Sein Hauptwerk wurde zur Grundlage der Vergleichenden Embryologie.

WERKE

Baer, K. E. v., 1828: Über Entwickelungsgeschichte der Thiere. Bd. I.
Königsberg, 217 S.

Baer, K. E. v., 1828: Über Entwickelungsgeschichte der Thiere. Bd. II.
Königsberg, 315 S.

Baer, K. E. v., 1862: Welche Auffassung der lebendigen Natur ist die rich-
tige? Und wie ist diese Auffassung auf die Entomologie anzuwenden?
Berlin, 57 S.

Baer, K. E. v., 1873: Historische Fragen mit Hülfe der Naturwissenschaften
beantwortet. St. Petersburg, 385 S.

MATTHIAS JACOB SCHLEIDEN

(5.4.1804–23.6.1881)

Mit seinen botanischen Untersuchungen am Lichtmikroskop
begründete Matthias Schleiden einen neuen Wissenschaftszweig,
die Zellbiologie. Er kam zu dem Ergebnis, dass jede Pflanze aus
einzelnen Zellen besteht und jede Zelle wiederum einen Zellkern
besitzt. Sein Studienkollege Theodor Schwann (1810–1882) dehnte
diese Aussage auf die Tierwelt aus und entwickelte daraus die
allgemeine Zelltheorie. Sie besagt, dass sich Pflanzen und Tiere
auf eine gemeinsame, mit bestimmten Eigenschaften ausgestattete
Grundeinheit, die Zelle, zurückführen lassen. Diese Erkenntnis
markiert den Beginn einer der Botanik und Zoologie übergeordne-
ten Wissenschaft, der Wissenschaft vom Leben, die heute als *Biologie*
bezeichnet wird.

Der Vater Andreas Benedikt Schleiden war ein angesehener
Arzt in Hamburg. Er war mit Sophie Eleonore, der Tochter eines
Kaufmannes, verheiratet. Am 5. April 1804 wurde ihr erster Sohn,
Matthias Jacob Schleiden, geboren. Zwei Schwestern folgten im
Abstand von jeweils zwei Jahren, der jüngere Bruder kam 1809
zur Welt.

Die Schulzeit begann für Matthias Schleiden im Jahr 1810 am
Johanneum in Hamburg und endete 1824 am akademischen Gymnasium. Auf ausdrücklichen Wunsch seines Vaters studierte er Jura
in Heidelberg und schloss das Studium 1827 mit der Promotion
erfolgreich ab. Er kehrte in seine Heimatstadt Hamburg zurück

und begann seine Arbeit als Anwalt und Notar. Von Anfang war er lustlos bei der Sache, so dass sich der rechte Erfolg nicht einstellen wollte. Er litt zunehmend unter Depressionen und schoss sich schließlich eine Kugel in den Kopf.

Nachdem er gerettet werden konnte, erhielt er die Erlaubnis des Vaters, in Göttingen, wo auch sein jüngerer Bruder studierte, 1831 nochmals zu studieren. Er wählte die Medizin, weil dieses Studium die Pflanzenkunde einschloss. Zu seinen Lehrern gehörte unter anderem der Botaniker Friedrich Gottlieb Bartling (1798–1845). Von ihm bestärkt, wandte sich Schleiden der Botanik und Philosophie zu und setzte das Studium 1835 bei seinem Onkel, dem Botaniker Professor Johannes Horkel (1769–1846), in Berlin fort. Sein Hauptinteresse galt der Pflanzenanatomie und der Entwicklungsgeschichte der Pflanzen sowie der noch unklaren Rolle des Zellkerns im Besonderen. Erst wenige Jahre zuvor war dieser von dem Engländer Richard Brown entdeckt worden. Die Begegnung mit Brown, der 1836 zu Gast in Berlin war, brachte den entscheidenden Durchbruch in Schleidens pflanzenanatomischen Studien. Schleiden fand 1838 heraus, dass jeweils ein Zellkern in einer Zelle eingebettet ist. Viele Zellen fügen sich zu einem Gewebe zusammen, das die Gestalt der Pflanzen ausmacht. Sein Berliner Studienfreund Theodor Schwann, Mitarbeiter des seinerzeit weit bekannten Physiologen Johannes Müller (1801–1858), erfuhr als erster von dieser sensationellen Entdeckung. Schwann konnte daraufhin die Beobachtungen seines Kollegen bei tierischen Zellen bestätigen und formulierte die allgemeine Zelltheorie. Sie wurde 1939 veröffentlicht.

Schleiden wollte wie sein Onkel Physiologe werden, scheiterte aber mit seinen Bewerbungen an den Universitäten Halle, Jena, Petersburg und Kalkutta immer wieder, da er als promovierter Jurist nicht mehr für einen medizinischen Abschluss zugelassen wurde und sich daher nicht als Arzt bezeichnen durfte. Er war nun 35 Jahre alt, hing beruflich in der Luft und wurde von seiner Familie stark unter Druck gesetzt. Auch einen zweiten Suizidversuch überlebte er. In Wernigerode am Harz überwand er seine Depressionen und schöpfte neue Kraft.

Durch den guten Kontakt seines Vaters zum Weimarer Hof und die persönliche Fürsprache des großen Alexander von Humboldt

(1769–1859) wurde er am 27. November 1839 von der Philosophischen Fakultät der Universität zu Jena doch noch zum Dr. phil. promoviert und knapp sieben Wochen später, am 14. Januar 1840, in Jena zum außerordentlichen Professor für Botanik ernannt. Schon im darauffolgenden Sommersemester begann er mit seinen Vorlesungen in allgemeiner Botanik. Sein Lehrbuch *Grundzüge der wissenschaftlichen Botanik* erschien 1842.

Seinem lang gehegten Wunsch folgend, wagte Schleiden, in seinen Vorlesungen auch die Physiologie des Menschen zu behandeln und brach damit ein Privileg der Medizinischen Fakultät. Es kam zu Kompetenzstreitigkeiten. Dennoch wurden seine Vorlesungen zur Menschenkunde zu seinen größten Lehrerfolgen.

Es ging aufwärts, 1848 wurde er Honorarprofessor und 1850 ordentlicher Professor für Naturwissenschaften. 1844 hatte er die Tochter eines Weimarer Arztes geheiratet. Sie schenkte ihm bis zu ihrem frühen Tod im Jahr 1854 drei Töchter. Schon ein Jahr später heiratete Schleiden erneut.

Er war eminent fleißig, schrieb weitere erfolgreiche Bücher und betätigte sich auch außerhalb der Naturwissenschaft als Dichter und Maler. Doch die administrativen Pflichten nahmen ständig zu und entwickelten sich immer mehr zur Belastung in seinem kreativen und wissenschaftlichen Schaffen. Physisch und psychisch am Ende ließ er sich 1862 beurlauben und zog sich zur Kur in die sächsische Schweiz zurück. Wieder zu Kräften gekommen, nahm er noch während seiner Kurzeit Einladungen zu Vorträgen an und erregte damit das Missfallen seiner Jenaer Dienstherren. Tief gekränkt reichet er sein Demissionsgesuch ein und ließ sich mit seiner Familie in Dresden nieder. Ihm wurde eine Honorarprofessur für Pflanzenphysiologie und Anthropologie an der Universität von Dorpat (heute Tartu in Estland) angeboten. Als er ein Jahr später zum außerplanmäßigen Ordinarius und kaiserlichen Hofrat ernannt wurde, brach ein Sturm der Entrüstung los. Den Anfeindungen war er nicht mehr gewachsen. Im September 1864 schied er endgültig aus der Akademischen Laufbahn aus. Mit einem lebenslangen Ehrensold lebte er fortan als Privatgelehrter in Dresden. 1871 verließ er diese Stadt und zog mit Zwischenstationen in Frankfurt und Darmstadt nach Wiesbaden, wo er von 1873 bis kurz vor seinem Tod lebte und sich rege am wissenschaftlichen und gesellschaftlichen

Leben der Stadt beteiligte. Nach längerer Krankheit starb Schleiden am 23. Juni 1881 in Frankfurt am Main.

Im Botanischen Garten von Jena steht seit 1904 sein Denkmal.

Werke

Schleiden, M. J., *1937: Über die Bildung des Eichens und Entstehung des Embryo's bei den Phanerogamen. Verh. Leopold.-Carol. Akad. Naturforscher 19: 27–58.*

Schleiden, M. J., *1838: Beiträge zur Physiogenensis. Arch. Anatomie, Physiologie u. wiss. Medicin: 137–176.*

Schleiden, M. J., *1839: Beiträge zur Entwicklungsgeschichte der Blüthentheile bei den Leguminosen. Verh. Leopold.-Carol. Akad. Naturforscher 19: 59–84.*

Schleiden, M. J., *1842/43: Grundzüge der wissenschaftlichen Botanik nebst einer methodologischen Einleitung als Anleitung zum Studium der Pflanze. Leipzig, 709 S.*

Schleiden, M. J., *1845: Beiträge zur Anatomie der Cacteen. Mem. Acad. Imp. Sci. St. Petersburg 6 (4): 335–380.*

Schleiden, M. J., *1848: Die Pflanze und ihr Leben. Populäre Vorträge. Leipzig, 329 S.*

Schleiden, M. J., *1851: Handbuch der medicinisch-pharmaceutischen Botanik zum Gebrauch bei Vorlesungen und zum Selbststudium. Leipzig, Bd. 1, 414 S.*

Schleiden, M. J., *1857: Handbuch der medicinisch-pharmaceutischen Botanik für Aerzte, Apotheker und Botaniker zum Gebrauch bei Vorlesungen und zum Selbststudium. Leipzig, Bd. 2, 498 S.*

Charles Darwin

(12.2.1809–19.4.1882)

Charles Darwin gilt zusammen mit Alfred Wallace als Vater der Evolutionstheorie. Obwohl er im Grunde ein tiefgläubiger Mensch war, löste er mit seiner Theorie von der Entwicklung des Lebens auf der Erde eine Art Glaubenskrieg aus, der selbst heute noch nicht endgültig im Sinne Darwins entschieden ist. Die Kreationisten gewinnen im Gegenteil vor allem in den USA zunehmend an Boden. In Wissenschaftskreisen ist Darwins Theorie aus anderen Gründen wieder umstritten. Zahlreiche Befunde aus der Paläontologie, der Genetik und der Embryologie können zurzeit noch nicht mit seiner Theorie in Einklang gebracht werden. So fehlt es nicht

an Bestrebungen, die Evolution unabhängig von Darwins Theorie
von Mutation und Selektion zu erklären.

Der junge Charles wuchs im beschaulichen Shrewsbury in England auf. Sein Vater Robert W. Darwin war ein angesehener und
wohlhabender Arzt, der sich in seiner freien Zeit seinen Tieren und
seinem Garten mit großer Hingabe und Sachkenntnis widmete. So
wurde in Charles schon früh die Liebe zur Natur und vor allem zu
den Pflanzen geweckt, deren Namen er bald kannte und über die
er aus den Erzählungen seines Vaters und aus Büchern viel erfuhr.
Mehr noch als sein Vater war es aber wohl sein Großvater, Erasmus
Darwin, dem Charles die Impulse zur Entwicklung seiner Evolutionstheorie verdankte. Der Großvater, ebenfalls ein anerkannter
Arzt, war eine beeindruckende Persönlichkeit, ein genialer Erfinder
und eine Autorität auf dem Gebiet der wenige Jahrzehnte zuvor
von Linné (1707–1778) entwickelten systematischen Ordnung der
drei Naturreiche, der Tiere, der Pflanzen und der Steine. In seinem
berühmten Werk *Zoonomia* berichtete Erasmus Darwin über die
Metamorphose der Amphibien und Insekten, betonte die optimalen
Anpassungen vieler Tier- und Pflanzenarten an ihre speziellen
Lebensweisen und hob die Möglichkeit hervor, Aussehen und
Leistungsfähigkeit bei Haustieren durch natürliche oder künstliche
Züchtung zu verändern.

Auch Charles sollte Arzt werden. Mit 16 Jahren wurde er an die
Universität nach Edinburgh geschickt, brach jedoch bald sein Me-
dizinstudium ab. Er wechselte nach Cambridge zum Studium der
Theologie, das er im April 1831 mit dem Bakkalaureus abschließen
konnte. Als Theologe zweifelte er nicht daran, dass die umfassende
Zweckmäßigkeit der Natur ein Beweis für das Wirken Gottes sei.

Ein halbes Jahr später befand er sich an Bord der *Beagle* auf dem
Weg nach Südamerika. Lange Forschungsreisen in die fernsten Regionen der Erde haben schon immer die Wissenschaften beflügelt.
Und so sollte auch diese Fahrt den Wendepunkt im wissenschaftlichen Denken und Schaffen von Charles Darwin markieren und
schließlich das Viktorianische England bis ins Mark erschüttern. Er
umrundete die Erde in westlicher Richtung und passierte dabei Kap
Horn und das Kap der Guten Hoffnung. Er erforschte die Vielgestal-
tigkeit der Wälder von Brasilien bis Feuerland und von Feuerland

[handschriftliche Notiz: Auswertung einer Tagebucheintragungen]

bis Peru und schickte umfangreiches Sammlungsmaterial nach England. Zu einem Höhepunkt seiner Reise wurde der Aufenthalt auf den Galapagosinseln mit ihrer eigentümlichen Flora und Fauna. Dort entdeckte er die spatzenartigen Vögel, die ihm zu Ehren später *Darwinfinken* genannt wurden. Die weitere Erdumsegelung führte quer über den Pazifik nach Australien, Neuseeland und Tasmanien und von dort über den Indischen Ozean mit Aufenthalten auf den Kokosinseln und Mauritius zurück nach Brasilien. Ein zweites Mal besuchte er die beeindruckenden tropischen Wälder Südamerikas, ehe er am 2. Oktober 1836 nach fast fünf Jahren wieder zu Hause ankam.

Die Auswertung seiner Tagebucheintragungen und die Bearbeitung seines umfangreichen Sammlungsmaterials beschäftigten ihn bis an sein Lebensende. Zunächst aber fasste er die Erlebnisse seiner Reise in einem lesenswerten Buch zusammen. Das *Journal of Researches* wurde sein erster großer Erfolg. Doch sein Hauptwerk *On the Origin of Species*, in dem er seine Evolutionstheorie darlegte und begründete, hielt er wohl aus gutem Grund 20 Jahre lang zurück. Charles Darwin war sehr vermögend und fühlte sich der einflussreichen, privilegierten Oberschicht zugehörig. Damit verkörperte er durchaus die mittelviktorianische Zeit. Sie war gekennzeichnet durch eine allgemeine Prosperität, verbunden mit einem ruhigen Lauf der Geschichte, die von den dramatischen politischen Ereignissen auf dem Kontinent weitgehend unberührt blieb. Die Tendenzen zur Demokratisierung und Verweltlichung führten in England zunächst nicht zu grundlegenden Veränderungen. Zwar verlagerte sich das Leben mit der aufkommenden Industrialisierung zunehmend in die Städte und ließ England zur führenden Industrienation aufsteigen, die Fäden aber hielten weiterhin erfahrene, fromme und wohlhabende Männer in der Hand. Darwin tat sich mit seiner Evolutionstheorie schwer, vollendete zwischenzeitlich andere Arbeiten und musste doch immer wieder zu ihr zurückkehren und sie weiter ausarbeiten und begründen. Natürlich kannte er die evolutionistischen Ansichten von Lamarck (1744–1829) und Geoffroy Saint-Hilaire (1772–1844) und wusste um den aus seiner Sicht verhängnisvollen Ausgang des berühmten Akademiestreits vom 15. Februar 1830 in Paris, aus dem Georges Cuvier (1769–1832) noch einmal als Sieger hervorgegangen war.

Später hatte Robert Chambers (1802–1871) mit seinem 1844 anonym publizierten Werk *Vestiges of the Natural History of Creation* den heftigsten Widerstand der Kirche und konservativer Kreise provoziert und vernichtende Kritik einstecken müssen.

Darwin war vorsichtig genug, sein Werk nicht voreilig und unvorbereitet an die Öffentlichkeit zu bringen. Immer wieder überarbeitete er seine Theorie vom Wandel der Arten, die er 1837 erstmals zu Papier gebracht hatte. Den entscheidenden Impuls seiner Evolutionstheorie erhielt er durch Thomas Robert Malthus (1766–1834), dessen Buch den Kampf ums Dasein als ein Element seiner Bevölkerungstheorie darstellte. Jetzt erkannte Darwin, dass große Nachkommenzahlen nicht allein dazu dienten, Verluste auszugleichen, um die Art zu erhalten, sondern durch den Prozess der natürlichen Auslese – durch den Kampf ums Dasein – unter den geringfügig unterschiedlichen Nachkommen einen steten Wandel der Art im Sinne einer Anpassung an sich ändernde Bedingungen bewirkten. Jedes Individuum müsse um die Weitergabe seiner individuellen Merkmale kämpfen.

Doch die Zeit schien ihm noch nicht reif für seine Theorie. So begann er seine Ideen nach und nach und nur im kleinen Kreis ausgewählter Kollegen vorzustellen. Dabei bemühte er sich, die Zahl der Beispiele, die er als Beleg für die Richtigkeit seiner Theorie benötigte, stetig zu vergrößern. Dazu gehörte auch die gezielte Suche nach den sogenannten *missing links*. Die Diskussionen in seinem neu gebildeten wissenschaftlichen Freundeskreis und zahlreiche gezielte Nachforschungen halfen ihm dabei. Neue Aspekte und Erkenntnisse, zum Beispiel zur Entstehung neuer Arten, erweiterten seine Theorie.

Dann kam der 18. Juni 1858. Darwin war wie üblich mit seinem Buch beschäftigt, das er auf Drängen seiner Freunde nun zügig vorantrieb, als er ein Päckchen vom anderen Ende der Welt erhielt. Der Absender war Alfred Wallace, der auf den Molukken lebte und arbeitete. Der Brief enthielt ein Manuskript, in dem Wallace eine Evolutionstheorie formulierte, die in wesentlichen Punkten mit der seinigen übereinstimmte. Darwin war schockiert. Fairerweise erkannte er die Priorität von Wallace an und reichte das Manuskript weiter. Am 1. Juli 1858 wurde es vor den Mitgliedern der *Linnean Society of London* zusammen mit Auszügen aus Darwins Buch und seinen Briefen verlesen. Ein Königsweg, mit dem man versuchte, beiden Wissenschaftlern gerecht zu werden. Die Reaktion auf die der kirchlichen Lehre widersprechende Theorie war sehr verhalten, doch man diskutierte das Thema sachlich. Ein Jahr später erschienen beide Arbeiten. Sie sicherten ihnen einen dauerhaften Platz in der Riege bedeutender Biologen. Der Titel von Darwins Werk lautet *On the Origin of Species by Means of Natural Selection, or, the Preservation of Favoured Races in the Struggle for Life*. Der schon bei der Lesung des Manuskriptes erwartete Sturm der Entrüstung brach nun los. Darwin und seine Theorie wurden für den moralischen Niedergang Englands verantwortlich gemacht, man zieh ihn des Atheismus und des Materialismus. Jetzt zahlte sich seine Gründlichkeit aus. Seine Theorie war überzeugend begründet und mit zahlreichen Beispielen belegt, und so legte sich der Sturm der Entrüstung bald. Charles Darwin wurde als großer Wissenschaftler gefeiert, während Alfred Wallace, der weiterhin die Urwälder Südostasiens erforschte und daher in England nicht präsent war, in den Hintergrund treten musste.

1860 erschien die deutsche Ausgabe des Buches in der Übersetzung von Heinrich Georg Bronn. Sie trug den Titel *Über die Entstehung der Arten im Thier- und Pflanzen-Reich durch natürliche Züchtung, oder Erhaltung der vervollkommneten Rassen im Kampfe um's Daseyn*. Drei Jahre später übernahm der deutsche Wissenschaftler Ernst Haeckel (1834–1919) die Rolle des glühenden Verfechters der Darwin'schen Evolutionstheorie im deutschsprachigen Raum. Dabei wagte er sich sogar einen Schritt weiter vor als Darwin und erklärte auch die Entstehung von Leben zu einem vollkommen natürlichen Vorgang. Diesen Aspekt, den Moment des Beginns der Evolution, klammerte Darwin wohlweislich stets aus und ging stillschweigend von einem initialen göttlichen Schöpfungsakt aus.

Die Stellung des Menschen im System des Lebendigen war ein Thema, das Darwin zunächst bewusst nicht angesprochen hatte, auf Dauer ignorieren konnte und mochte er es jedoch nicht. Schließlich veröffentlichte er im Jahr 1871 unter dem Titel *The Descent of Man, and Selection in Relation to Sex* seine Theorie der menschlichen Abstammung. Sie wurde allerdings völlig falsch verstanden („Der Mensch stammt vom Affen ab") und mit zahlreichen Karikaturen und Spottschriften bedacht. Doch der Siegeszug der Evolutionstheorie, die den Menschen einschließt, war nicht mehr aufzuhalten. Rund 80 Jahre später erweiterten Ernst Mayr (1904–2005) und Theodosius Dobzhansky (1900–1975) die Darwin'sche Theorie zur sogenannten *Synthetischen Evolutionstheorie*, in der auch die Erkenntnisse aus der Genetik berücksichtigt werden.

Charles Darwin wurde 1839 zum Mitglied der *Royal Society of London* gewählt und 1878 in die *Académie des Sciences de l'Institut de France* aufgenommen.

Als Charles Darwin am 19. April 1882 in seinem Haus in Down starb, nahm die ganze Welt Abschied von dem großen Mann. Er wurde am 26. April in der Londoner Westminster Abbey feierlich beigesetzt. Dort ruht er neben Isaac Newton und Michael Faraday.

WERKE

Darwin, Ch., *1844: Naturwissenschaftliche Reisen nach den Inseln des grünen Vorgebirges, Südamerika, dem Feuerlande, den Falkland-Inseln, Chiloe-Inseln, Galapagos-Inseln, Otaheiti, Neuholland, Neuseeland, Van Diemen's Land, Keeling-Inseln, Mauritius, St. Helena, den Azoren... Braunschweig, 301 S.*

Darwin, Ch., *1845: Journal of Researches into the Natural History and Geology of the Countries Visited During the Voyage of the H. M. S. Beagle Round the World, under the command of Capt. Fitz Roy R. N. London, 336 S.*

Darwin, Ch. & Wallace, A. R., *1858: On the tendency of species to form Varieties. Papers presented to the Linnean Society, 30. Juni 1858.*

Darwin, Ch., *1858: Origin of Species by Means of Natural Selection, or the Preservation of Favoured Races in the Struggle for Life. London, 502 S.*

Darwin, Ch., *1860: Über die Entstehung der Arten im Thier- und Pflanzen-Reich durch natürliche Züchtung, oder Erhaltung der vervollkommneten Rassen im Kampfe um's Daseyn. Ins Deutsche übertragen von Heinrich Georg Bronn. Stuttgart, 546 S.*

Darwin, Ch., *1868: Variation of Animals and Plants under Domestication. London, 411 S.*

Darwin, Ch., *1871: The Descent of Man, and Selection in Relation to Sex. London, 2 Bde., 828 S.*

Darwin, Ch., *1871: Die Abstammung des Menschen und die geschlechtliche Zuchtwahl. Aus dem Englischen übersetzt v. J. Victor Carus. Stuttgart, 418 S.*

Darwin, Ch., 1872: The Expression of Emotions in Man and Animals. London, 374 S.
Darwin, Ch., 1872: Der Ausdruck der Gemüthsbewegungen bei dem Menschen und den Thieren. Aus dem Englischen von J. Victor Carus. Stuttgart, 384 S.

Theodor Schwann

(7.12.1810–11.1.1882)

Die Entdeckung des zellulären Aufbaus, der allen Organismen gemeinsam ist, darf als Geburtsstunde der Biologie gelten. Erst danach begann die Suche nach allgemeinen Gesetzmäßigkeiten in der Natur, die für Pflanzen wie für Tiere gleichermaßen gelten. Theodor Schwann führte zusammen mit Matthias Schleiden die entscheidenden Untersuchungen durch und entwickelte schließlich daraus die Zelltheorie. Zudem machte er als Physiologe grundlegende Entdeckungen auf dem Gebiet der Verdauung und prägte den heute allgemein gebräuchlichen Begriff *Metabolismus*. Er wird zudem als Begründer der modernen Gewebelehre angesehen.

Schwann kam am 7. Dezember 1810 in Neuss am Rhein zur Welt. Nach Abschluss der Schulzeit studierte er Medizin in Bonn, Würzburg und schließlich Berlin, wo er ein Schüler von Johannes Peter Müller (1801–1858) wurde. Hier traf er auf den ein Jahr älteren Jakob Henle (1809–1885), der nach seiner Promotion 1832 in Heidelberg ebenfalls als Assistent zu Müller nach Berlin gewechselt war. Sie freundeten sich an und bezogen ein gemeinsames Zimmer im Berliner Hotel Hilgendorf. Hier herrschte eine ordentliche Unordnung, überall standen Gefäße mit Präparaten und lebenden Versuchstieren herum.

Die Berliner Zeit war für Schwann eine sehr produktive Zeit. Er entdeckte 1836 eine Substanz, die er *Pepsin* nannte und die für die Verdauung der Nahrung verantwortlich ist. Pepsin war das erste aus tierischem Gewebe isolierte Enzym. Zudem führte er vielfältige histologische Untersuchungen durch, die ihn schließlich zur Formulierung der allgemeinen Zelltheorie veranlassten. Den Anstoß dazu erhielt er von dem Botaniker Matthias Schleiden (1804–1881), der gerade die Pflanzenzelle als elementare Lebenseinheit der

Pflanzen erkannt hatte. Bei gemeinsamen Forschungsarbeiten in Berlin entdeckten sie, dass die von Schleiden zuvor beschriebenen Pflanzenzellen in ihrem Aufbau grundsätzlich mit den von Schwann beobachteten tierischen Zellen übereinstimmen.

Das Verhältnis Schwanns zu seinem Lehrer Müller war angespannt. Schwann konnte dessen vitalistische Einstellung nicht teilen. Er verneinte die Existenz einer nicht stofflichen Lebenskraft und war stattdessen davon überzeugt, dass die Physiologie alle Lebenserscheinungen erklären könne. Im Jahr 1838 verließ Schwann die Arbeitsgruppe um Müller, um als Professor an der Katholischen Universität Leuven in Belgien weiterzuarbeiten. Schon ein Jahr später erschien seine Arbeit unter dem Titel *Mikroskopische Untersuchungen über die Übereinstimmung in der Struktur und dem Wachstum der Tiere und Pflanzen*. Darin stellte er seine Zelltheorie ausführlich dar. Er bemerkte, dass der zelluläre Aufbau in manchen Geweben nur im embryonalen Zustand erkennbar ist und stellte weiterhin fest, dass ein Zellverband mehr ist, als ein bloßer Zusammenschluss von Zellen. Die Arbeit enthält jedoch einen groben Fehler, den Schwann kritiklos von seinem Freund Schleiden übernommen hatte. Der Zellkern sollte nach der Art von Kristallen aus einer Mutterlauge entstehen können und durch Ausscheidungen die Zelle formen. Diese Darstellung weist ihn als Anhänger der Urzeugung aus. Erst Rudolf Virchow (1821–1902) fegte diese Ansicht 16 Jahre später mit dem donnernden Ausruf *Omnis cellula e cellula* hinweg.

Ab 1848 lehrte und forschte Schwann als Professor an der Universität Lüttich. Hier entdeckte er den Abbau von Zucker und Stärke in den Zellen, prägte den Begriff *Metabolismus* für die chemischen Prozesse in lebenden Zellen und befasste sich mit der Struktur von Muskeln und Nerven. Er beobachtete, wie sich aus einem Ei, dessen Natur als Einzelzelle er erkannte, allmählich der Embryo entwickelt.

Theodor Schwann starb am 11. Januar 1882 im Alter von 71 Jahren in Köln.

WERKE

Schwann, Th., 1836: Über das Wesen des Verdauungsprozesses. Arch. Anat. Physiol. Wiss. Med. 1: 90–138.

Schwann, Th., 1839: Mikroskopische Untersuchungen über die Übereinstimmung in der Struktur und dem Wachstum der Tiere und Pflanzen. Berlin, 385 S.

Schwann, Th., 1844: Versuche, um zu ermitteln, ob die Galle im Organismus eine für das Leben wesentliche Rolle spielt. Arch. Anat. Physiol. Wiss. Med. 20: 127–159.

Schwann, Th., 1847: Microscopical Researches into the Accordance in the Structure and Growth of Animals and Plants. London, 268 S.

JOHANN GREGOR MENDEL

(20.7.1822–6.1.1884)

Johann Gregor Mendel lebte in einer ausgesprochen spannenden Zeit. Gerade waren die Schriften von Charles Darwin (1809–1882) erschienen, und man diskutierte die Evolutionstheorie nicht nur in wissenschaftlichen Kreisen, sondern auch in den „gebildeten" Ständen leidenschaftlich. Auch Gregor Mendel verfolgte die Diskussionen aufmerksam. Er erwarb alle Bücher Darwins und studierte sie sicher genauestens, da sie seine eigenen wissenschaftlichen Untersuchungen zur Züchtung von Nutz- und Zierpflanzen direkt berührten. So erleben wir Mendel als einen hochbegabten Forscher, der aktiv am wissenschaftlichen Leben seiner Zeit teilnahm. Allerdings konnte er den Ausführungen des Engländers nicht recht folgen, da seine eigenen Ergebnisse dafür zu sprechen schienen, dass sich Arten nur innerhalb festgelegter Schranken wandeln können.

Die Familie Mendel stammte wahrscheinlich aus Südwestdeutschland und wurde während der Bauernkriege im 16. Jahrhundert nach Heinzendorf ins sogenannte Kuhländle (heute Tschechien) verschlagen. Johann kam 1822 als zweites von drei Kindern des Landwirts Anton und seiner Frau Rosine Mendel zur Welt. Seine Schwester Veronica war zwei Jahre älter, seine Schwester Theresa fünf Jahre jünger. Johann erwies sich als ein sehr begabter Junge und wechselte nach der Grundschulzeit an das Gymnasium in Troppau, das er als 18-Jähriger mit hervorragenden Noten verließ, um ein Studium der Naturgeschichte an der Philosophischen Lehranstalt in Olmütz aufzunehmen. Lange konnte ihn seine Familie finanziell

(in der Schule nicht verstanden)

nicht unterstützen. Er musste neben seinem Studium Privatstunden geben, mutete seiner Gesundheit zu viel zu, wurde krank und musste sein Studium unterbrechen. Der jüngeren Schwester Theresa, die zu seinen Gunsten auf einen Teil ihrer Erbschaft verzichtete, hatte er es zu verdanken, dass er sein Studium doch noch mit Erfolg beenden konnte.

Um zukünftig ohne finanzielle Sorgen leben zu können, entschloss er sich, in das Augustinerkloster von Alt-Brünn einzutreten. Mendel erhielt den Namen Gregor (Gregorius) und wurde, nach vier Jahren als Novize, im Jahr 1847 zum Priester geweiht. Das Augustinerstift hatte sich in Kunst und Wissenschaft einen hervorragenden Ruf erworben und förderte den jungen Mönch nach Kräften. Gregor Mendel durfte für vier Semester nach Wien gehen, um dort Naturkunde zu studieren. Er hörte Vorlesungen in Mathematik, Physik, Chemie, Botanik und Zoologie. Nach seiner Rückkehr 1854 wurde er Lehrer an der Oberrealschule in Brünn, wo er bis 1868 die Fächer Naturgeschichte und Physik unterrichtete.

Im Jahr 1854, Mendel war 32 Jahre alt, begann er seine berühmten Kreuzungsversuche mit Pflanzenhybriden. Er trug die Samen von 34 verschiedenen Erbsenrassen zusammen, die er zwei Sommer lang auf ihre Reinerbigkeit prüfte. Zur Beurteilung seiner Pflanzen stützte er sich auf sieben sicher zu unterscheidende Merkmalspaare. Dazu gehörten Farbe und Form der Erbsen und deren Hülsen sowie Anordnung und Art der Blüten an der Pflanze. Schließlich konnte er mit 22 ausgewählten Stämmen seine ersten Kreuzungsversuche durchführen. Er ging mit äußerster Gewissenhaftigkeit vor und überließ nichts dem Zufall. Um zum Beispiel eine unkontrollierte Befruchtung der Blüten zu vermeiden, entfernte er alle Staubbeutel aus den Blüten und übertrug den Pollen anschließend mit einem Pinsel. In den nächsten sieben Jahren, die er für seine praktischen Versuchsreihen benötigte, züchtete er auf diese Weise 28.000 Nachkommen und zählte alles in allem geschätzte 350.000 Erbsen. Eine enorme Fleißleistung, die Mendel nur deshalb auf sich nahm, weil er als Physiker um die erhöhte Aussagekraft großer Messreihen wusste.

Auch in der Versuchsführung zeigte sich seine überragende Begabung als Wissenschaftler. Seine Pflanzen unterschieden sich nur in einem Merkmalspaar. Dadurch ließen sich seine Ergebnisse eindeutig interpretieren. Er konnte erstmals klare und eindeutige Vererbungsregeln aufstellen. Sie haben als Erste, Zweite und Dritte Mendel'sche Regel bis heute Bestand und gehören in der Schule zum Lernstoff der Mittelstufe.

Mendel stellte seine Kreuzungsversuche erstmals 1864 den Mitgliedern des *Naturforschenden Vereins zu Brünn*, an dessen Gründung er aktiv beteiligt gewesen war, vor. Ein Jahr später wurden sie in den *Verhandlungen des Naturforschenden Vereins* unter dem Titel *Versuche über Pflanzen-Hybriden* veröffentlicht.

Ein Nebenprodukt seiner Versuchsreihen war der erstmalige Nachweis, dass sich die Merkmalsträger, heute spricht man von Genen, nicht wie Flüssigkeiten verhalten und sich beliebig miteinander mischen, sondern als feste Körperchen vererbt und dabei neu kombiniert werden. Sicherlich suchte Mendel mit Hilfe eines Mikroskops nach entsprechenden Strukturen in den Pflanzen, konnte sie aber mit den damaligen Möglichkeiten der Lichtmikroskopie nicht nachweisen. Die Einheiten der Vererbung (Chromosomen) blieben ihm verborgen.

Mendel wurde kurz darauf zum Abt des Klosters gewählt. Die Verwaltungsaufgaben nahmen soviel Zeit in Anspruch, dass er sich seinen geliebten Kreuzungsversuchen nicht länger widmen konnte. 15 lange Jahre wirkte er als Abt und rieb sich für das Wohl des Klosters und der Menschen auf. 1883 erkrankte er an einem Nierenleiden, dem er ein Jahr später, am 6. Januar 1884 erlag. Tausende trauerten um den liebenswürdigen, hilfreichen Abt. Niemand aber erinnerte sich an den Forscher Johann Gregor Mendel, dessen bahnbrechende Entdeckungen erst nach über 30 Jahren dem Dunkel der Geschichte entrissen wurden. Hugo de Vries (1848–1935) in Amsterdam, Carl Correns (1864–1933) in Tübingen und Erich Tschermak Edler von Seysenegg (1871–1962) in Wien ist die Wiederentdeckung und wissenschaftliche Bestätigung der Arbeiten Mendels zu verdanken.

Viel wurde seither darüber spekuliert, warum Mendels Arbeit völlig unbeachtet blieb. Er hatte Separata dieser Arbeit an verschiedene Universitäten geschickt, aber nie eine Antwort erhalten. Auch Charles Darwin hatte ein Exemplar erhalten, und auch er fand es nicht der Mühe wert, einen Blick darauf zu werfen. Das Kuvert mit dem Sonderdruck wurde in seinem Nachlass gefunden, es war ungeöffnet beiseite gelegt worden. Sicher hatte Mendel keinen Professorentitel, zudem publizierte er in einer weniger bedeutenden Zeitschrift. Außerdem waren seine statistischen Berechnungen in der damaligen Zeit unüblich. Noch mehr aber mussten die Ergebnisse selbst irritieren, da sie den von Darwin aufgestellten Thesen vom steten Wandel der Arten durch natürliche Zuchtwahl zu widersprechen schienen.

WERKE

Mendel, J., 1865: Versuche über Pflanzenhybriden. Verh. Naturforsch. Ver. Brünn, 4: 3–47

ALFRED RUSSEL WALLACE

(8. 1.1823–7.11.1913)

Alfred Wallace war sicher kein Biologe aus Leidenschaft. Er war mehr der Abenteurer, der nach mehreren vergeblichen Anläufen in verschiedenen Berufen sein Glück im Dschungel Südostasiens suchte und fand. Als Pflanzen- und Tierjäger brachte er es zu einer erstaunlichen Artenkenntnis. Ein Geniestreich, anders kann man es nicht bezeichnen, war seine Evolutionstheorie, die er unabhängig von Charles Darwin mitten im Urwald der Molukken entwickelte. Anders als Darwin, der den Prozess der Artbildung in den Vordergrund seiner Theorie stellt, begründete Wallace seine Evolutionstheorie aus der Artenvielfalt heraus. Deshalb muss Wallace als Wegbereiter der Ökologie und Begründer der Biogeographie gelten. Völlig zu Recht trägt die Grenze zweier biogeographischer Regionen in Südostasien seinen Namen. Schon bald nach seiner Rückkehr aus den Tropen kehrte er der Biologie mehr und mehr den Rücken und wandelte sich zu einem sozialkritischen, politischen Außenseiter mit einem utopischen Weltbild.

Der Vater, Thomas Vere Wallace, war Herausgeber eines edlen Literatur- und Kunstmagazins. Es erreichte jedoch nicht die erforderlichen Verkaufszahlen, so dass die Familie ihren Unterhalt mehr von ihrem Vermögen als von den Erträgen ihres Magazins bestreiten musste. Sie wechselte mehrfach den Wohnort und lebte schließlich längere Zeit in Usk an der walisischen Grenze, wo die

Lebenshaltungskosten niedriger waren. Hier wurde Alfred Russel Wallace am 8. Januar 1823 als achtes von neun Kindern geboren.

Schon fünf Jahre später zog die Familie nach Hertford. Durch unglückliche Spekulationen verlor der Vater nahezu sein gesamtes Vermögen und war nun gezwungen, als Bibliothekar zu arbeiten. Alfred Russel, Schüler der örtlichen Lateinschule, unterstützte die Familie, indem er Nachhilfeunterricht in Lesen, Schreiben und Rechnen erteilte. Im Alter von 13 Jahren beendete er die Schule und ging zunächst zu seinem Bruder John nach London. Noch im selben Jahr zog er weiter zu seinem Bruder William, der in Bedfortshire ein Landvermessungsbüro betrieb. Da die Geschäfte nicht so gut liefen, begann Alfred Russel eine Uhrmacherlehre, brach sie jedoch bald wieder ab. Auch seinen neuen Job als Lehrer in Leicester, den er 1843 antrat, gab er nach einem Jahr wieder auf. Für kurze Zeit arbeitete er noch einmal als Landvermesser und versuchte sich zudem als Architekt.

Doch das Schicksal hatte längst einen anderen Faden gesponnen. Es führte ihn zu dem zwei Jahre jüngeren Henry W. Bates (1825–1892), der seit seiner Jugend ein begeisterter Insektensammler war. Die beiden freundeten sich an und gingen fortan gemeinsam auf die Jagd nach Schmetterlingen und Käfern. Das neue Hobby faszinierte den jungen Wallace. Aus Büchern erfuhr er von dem phantastischen Insektenreichtum tropischer Länder und begann Reiseberichte zu lesen. Die fernen Welten, die Charles Darwin, Alexander von Humboldt und W. H. Edwards schilderten, ließen ihn und seinen Freund Bates nun nicht mehr los. Schließlich beschlossen sie, gemeinsam das große Abenteuer einer Reise in die Tropen zu wagen. Wallace, der seit seiner Jugend gelernt hatte, sich seinen Unterhalt selbst zu verdienen, ließ sich im Britischen Museum in London zuvor versichern, dass er die Kosten seiner Reise durch den Verkauf von tropischen Insekten würde finanzieren können. Am 26. Mai 1848 betraten sie bei Belém brasilianischen Boden. Gemeinsam sammelten sie gut zweieinhalb Jahre lang im Bereich der Mündung des Rio Pará. Dann zog es Bates den Amazonas hinauf, während Wallace, der zeitweise von seinem dritten Bruder Herbert begleitet wurde, die Nebenflüsse des Amazonas, unter anderem den Rio Negro, erkundete. Als der Bruder Ende Mai 1851 an Gelbfieber starb, zog Wallace zunächst allein weiter und trat dann ein Jahr darauf die Rückreise nach England an. Auf der Rückfahrt ereilt ihn ein weiterer Schicksalsschlag. Das Schiff, das ihn nach England bringen sollte, sank und nahm einen Großteil seiner Aufzeichnungen mit auf den Grund des Ozeans. Er selbst wurde erst nach zehn dramatischen Tagen in einem kleinen Beiboot auf dem Atlantik treibend gerettet. Der Reisebericht, den er 1853 veröffentlichte, musste wegen der verloren gegangenen Aufzeichnungen knapp ausfallen.

Wallace hielt sich nun oft im Britischen Museum in London auf, studierte die zahlreichen Belege und erkannte, dass eine Reise in das tropische Asien vielversprechend sein müsse. Er konnte Roderick Murchison, den Präsidenten der *Royal Geographical Society*, von der wissenschaftlichen Bedeutung dieser Reise überzeugen und erhielt das Geld für die Überfahrt. Schon Anfang 1854 reiste er seinem zweiten tropischen Abenteuer entgegen, das acht Jahre dauern und ihn durch Malakka, Borneo, Java, Sumatra, Bali, Lombok, Celebes (Sulawesi), die Molukken und schließlich Papua-Neuguinea führen würde.

Als er im Jahr 1862 wieder nach England zurückkehrte, hatte er die gewaltige Zahl von 125.660 Tieren und Pflanzen gesammelt, präpariert und nach England gesandt. Noch bedeutsamer als diese überaus reiche Ausbeute war die wissenschaftliche Erkenntnis, die sich Wallace im asiatischen Garten Eden zunehmend erschließt. Die große Artenfülle mit zahlreichen, einander äußerst ähnlichen Arten vor Augen, formuliert er die Hypothese, dass die Arten nur in einer langsamen, kontinuierlich voranschreitenden Entwicklung durch Raum und Zeit entstanden sein konnten. Manche Arten seien sehr nah miteinander verwandt, andere repräsentierten eigene Linien. Wollte man die Entwicklung der Arten anschaulich darstellen, müsste man dies in Form eines Stammbaums tun, der sowohl die existierenden wie auch die ausgestorbenen Arten ausweise. Wallace war sich bewusst, dass ein solcher Stammbaum der Natur angesichts der fragmentarischen Kenntnisse sehr viele Lücken aufweisen würde.

Sein Aufsatz, in dem er diese Gedanken 1855 erstmals der Öffentlichkeit präsentierte, blieb jedoch weitgehend unbeachtet. Nur Charles Darwin war alarmiert. Alfred Wallace, mit dem er im Britischen Museum einmal kurz ein paar Worte gewechselt hatte, entwickelte die gleiche Theorie wie er. In einem ausführlichen Brief an Wallace drückte er zunächst seine vollkommene Zustimmung zu den Inhalten des Artikels aus und erklärte dann, dass er seit 20 Jahren an diesem Thema arbeitete und seine Erkenntnisse bald veröffentlichen würde.

Unterdessen erreichte Wallace die Molukken. An Sammeln war kaum zu denken, eine fiebrige Erkrankung zwang ihn zur Schonung. Während sein Körper ausruhte, war sein Verstand hellwach. Die Gedanken kreisten um das natürliche System der Natur, als er, angeregt durch die Bücher von Thomas R. Malthus (1766–1834) und Charles Lyonell, plötzlich einen neuen Gedankengang verfolgte. Der Kampf ums Überleben (*struggle for existence*) kennzeichne das Leben in der Natur. Nur die Fähigsten hätten eine Chance zu überleben und sich zu vermehren. Regelte dieses Prinzip nicht auch das Zusammenleben der Arten, und sorgte es dabei nicht für ein konstantes und stabiles Gleichgewicht in der Natur? Dies müsse, so Wallace weiter, bei den einzelnen Arten zu einer ständigen Weiterentwicklung in kleinsten, ungerichteten, aber dennoch immer an den Erfordernissen der Umwelt ausgerichteten Schritten führen.

Von der Überlegung bis zum fertigen Manuskript vergingen keine drei Monate. Wallace schickte den Text an Charles Darwin in England mit der Bitte, den Inhalt zu prüfen und dann an die *Linnean Society of London* zur Veröffentlichung weiterzuleiten. Für Darwin musste der Inhalt ein gewaltiger Schock gewesen sein, aber er war fair und leitete das Manuskript ohne Verzögerung weiter. Im Begleitschreiben bezeichnete er die Arbeit von Wallace als perfekte Kurzfassung seiner eigenen Theorie, in der sogar teilweise die Begriffe wörtlich übereinstimmten. Kurze Zeit später schrieb Darwin in seiner großen Verzweiflung ein zweites Mal an die *Linnean Society of London*. Er wolle sein eigenes Buch lieber verbrennen, denn als Mann von erbärmlichem Geist zu gelten. Wallace im fernen Asien unterwegs ahnte von alledem nichts. Auf Vorschlag der *Linnean Society* wurde sein Manuskript zusammen mit Auszügen aus Darwins unveröffentlichtem Buch am 1. Juli 1858 den versammelten Mitgliedern vorgetragen und anschließend im *Journal of the Proceedings of the Linnean Society* abgedruckt.

Auch wenn Wallace und Darwin letztlich denselben natürlichen Prozess beschrieben, so taten sie dies doch aus ganz unterschiedlichen Blickwinkeln und setzten dabei entsprechend andere Akzente. Für Darwin erschloss sich der Mechanismus der Evolution aus den Erfolgen menschlicher Tier- und Pflanzenzucht. Durch die gezielte Selektion seitens des Menschen werden Eigenschaften und Körpermerkmale der Haustiere im Hinblick auf das Zuchtziel verändert. Analog betrachtete er auch in der Natur eine natürliche Zuchtwahl als entscheidenden Motor der Evolution. Für Wallace dagegen war Selektion ein unglücklicher Begriff, da er die Natur in die Rolle eines konkreten Akteurs versetzen würde. Er sprach stattdessen vom Überleben der jeweils am besten Angepassten und stellte die Evolution in einen ökologischen Kontext.

Im Nachhinein ist viel darüber spekuliert worden, warum Darwin mit seinem Buch so lange gezögert hatte. Es gibt einige Historiker, die meinen, erst Alfred Wallace habe durch seinen Ansatz dem auf der Stelle tretenden Darwin die entscheidenden Bausteine geliefert, um seine Evolutionstheorie zu Ende zu bringen.

Alfred Wallace stellte jedoch niemals den Vorrang Darwins im Hinblick auf die Evolutionstheorie in Frage. Darwin seinerseits erwähnte den Aufsatz von Wallace in seinem lange vorbereiteten Buch *On the Origin of Species* als eine der wichtigsten literarischen Quellen.

Wallace verfolgte den Wirbel aus der Ferne. Erst 1862 kehrte er nach England zurück. 1864 lernte er Annie Mitten kennen und heiratete sie ein Jahr später. Aus der Ehe gingen drei Kinder hervor. Wallace wurde Assistenzsekretär bei der *Royal Geographical Society*. Es folgten wechselvolle Jahre. Wallace schaffte es nicht, von der feinen englischen Gesellschaft wirklich anerkannt zu werden. Es ist schwer zu beurteilen, ob er sich eher aufgrund der ablehnenden Haltung der Gesellschaft immer mehr zu einem politischen Querdenker wandelte, oder ob er wegen seiner missliebigen politischen Kommentare zunehmend vom öffentlichen Leben ausgeschlossen wurde. Eine Entwicklung, die sich schon in seinem 1869 erschienenen Buch *The Malay Archipelago* andeutete. Wallace starb am 7. November 1913 in Dorset.

Die Übergangszone zwischen der australischen und der asiatischen Fauna und Flora trägt ihm zu Ehren seinen Namen. Die *Wallacea* gehört zu den sogenannten Hotspots der Erde, die sich durch eine besonders hohe Artenvielfalt wie auch durch ihren

Reichtum an endemischen, nur in dieser Region vorkommenden Arten auszeichnen. Durch Zerstörung des Lebensraumes ist die einmalige Tier- und Pflanzenwelt dieser Region akut bedroht.

Alfred Wallace erhielt zwei Ehrendoktorwürden (der Universitäten Dublin und Oxford) und mehrere ehrenvolle Medaillen (z.B. der *Royal Geographical Society* und der *Linnean Society of London*). Obwohl seine Evolutionstheorie umfassender ist, als die von Charles Darwin, und obwohl er sein Manuskript vor Darwin zur Publikation eingereicht hatte, ist das theoretische Lebenswerk von Alfred Wallace heute weitgehend in Vergessenheit geraten.

WERKE

Wallace, A. R., 1853: A Narrative of Travels on the Amazon and Rio Negro. London, 363 S.

Wallace, A. R., 1853: A narrative of travels on the amazon and Rio Negro: with an account of the natives tribes, and observations on the climate, geology, and natural history of the Amazon Valley. London, 541 S.

Wallace, A. R., 1855: On the Law which has Regulated the Introduction of new Species. Ann. Mag. Nat. Hist. 16: 184–196

Wallace, A. R., 1857: On the Natural History of the Aru-Islands. Ann. Mag. Nat. Hist. 20 (Suppl.) 473–477

Darwin, Ch. & Wallace, A. R., 1858: On the tendency of species to form Varieties. Papers presented to the Linnean Society, 30. Juni 1858.

Wallace, A. R., 1869: The Malay Archipelago: The Land of the Orang Utan, the Bird of Paradise; a narrative of travel, with studies of man and nature. London, 653 S.

Wallace, A. R., 1869: Der Malayische Archipel: Die Heimat des Orang-Utan und des Paradiesvogels. Braunschweig, 2 Bde., 975 S.

Wallace, A. R., 1871: Contributions to the theory of natural selection: A series of Essays. London, 384 S.

Wallace, A. R., 1876: The Geographical Distribution of Animals. London, 2 Bde., 1.110 S.

Wallace, A. R. & Keane, A. H., 1879: Australasia. London, 672 S.

Wallace, A. R., 1880: Island Life: or, the phenomena and causes of insular faunas and floras, including a revision and attempted solution of the problem of geological climates. London, 526 S.

Wallace, A. R., 1889: Darwinism: An Exposition of the Theory of Natural Selection with some of its Applications. London, New York, 494 S.

Wallace, A. R., 1891: Natural Selection and Tropical Nature. Essays on Descriptive and Theoretical Biology. London, 492 S.

Wallace, A. R., 1898: *The Wonderful Century. Its Successes and its Failures.* Toronto, 400 S.

Wallace, A. R., 1905: *My Life: A Record of Events and Opinions.* London, 408 S.

JEAN HENRI CASIMIR FABRE

(21.12.1823–11.10.1915)

Kaum ein bekannter Forscher hat zu Lebzeiten so wenig Anerkennung erfahren wie dieser sympathische Franzose. Dabei kann sich sein Lebenswerk sehen lassen und durchaus mit den Großen seiner Zeit messen. Fabre gilt als einer der ersten umfassenden Verhaltensforscher, der mit nichts weiter als einem feinen Gespür und scharfen Augen zu seinen Ergebnissen gekommen ist. Insekten und deren Fortpflanzung standen im Mittelpunkt seines Interesses. Im Laufe seines langen Lebens eignete er sich ein immenses Wissen an und brachte dieses in einem zehnbändigen Standardwerk, den *Souvenirs Entomologiques*, in einer sehr lebendigen und anschaulichen Schilderung zu Papier. Darin beschrieb er erstmalig die komplizierte Hypermetamorphose der Ölkäfer, die Brutfürsorge verschiedener Wespen und die Brutbiologie zahlreicher weiterer Insekten. Außerdem war er ein großer Kenner der Pilze seiner Heimat. Er kannte nicht nur die auffälligen Hutpilze, sondern unterschied ebenso die mikroskopisch kleinen, alles in allem über 700 verschiedenen Arten. Er korrespondierte mit Charles Darwin, lehnte aber dessen Evolutionstheorie ab. Gleichwohl war er andererseits so fortschrittlich, auch Mädchen in den Naturwissenschaften zu unterrichten, was ihm so viel Ärger einbrachte, dass er Avignon, die Stadt, in der er 15 Jahre als anerkannter Lehrer gewirkt hatte, Hals über Kopf verlassen musste. Seine zahlreichen Bücher sind in viele Sprachen übersetzt worden.

Jean Henri Fabre kam am 21. Dezember 1823 zur Welt. Sein Geburtshaus war der Weiler seiner Eltern. Sie waren einfache Bauern, die am Südrand des Zentralmassivs ein kärgliches Dasein fristeten. Als Kind zeigte er wenig Interesse an dem in der Schule gelehrten Stoff. Zu theoretisch und zu trocken erschien ihm der Unterricht. Weit mehr interessierte er sich für die Natur. 1833 musste sein Vater die unergiebige Landwirtschaft aufgeben. Die Familie zog nach Rodez, wo der zehnjährige Jean Henri sofort ein Stipendium für das Collège Royal de Rodez erhielt. Das von seinem Vater mit großen Erwartungen eröffnete Café lief nicht gut und für die Familie begann eine längere Odyssee mit Aufenthalten in Aurillac, Toulouse, Montpellier und schließlich Avignon. Jean Henri musste seine Ausbildung abbrechen und Geld verdienen, um die Familie zu unterstützen. In Avignon, wo die Familie ab 1840 wohnte, konnte er wieder die Schule besuchen, da er erneut ein Stipendium erhielt. Nach dem Besuch der École Normale Primaire in Avignon wurde er 1842 Primarlehrer für Naturkunde am dortigen Collège de Carpentras. Sein lebendiger Unterricht fand Anerkennung und sein Leben schien einen ruhigen Verlauf nehmen zu wollen. Er heiratete im gleichen Jahr Mari-Césarine Villard, die ihm sieben Kinder schenkte. Er bewarb sich an der Hochschule in Ajaccio, Korsika, und wurde dort 1849 als Dozent eingestellt. Jetzt konnte er sich wieder intensiv den Insekten widmen. Als er nur vier Jahre später an Malaria erkrankte, musste er Korsika wieder verlassen. Er fand eine Anstellung als Physik- und Chemielehrer am Collège Impériale d'Avignon. Die geistige Enge des Kollegs schnürte ihn ein und so versuchte er, so oft es ihm möglich war, seine Studien in der freien Natur fortzuführen. Er vollendete eine Abhandlung über die Biologie der Kreiselwespe und reiste nach Paris, wo er 1855 nach erfolgreicher Disputation die Promotionsurkunde erhielt. Um seine finanzielle Situation zu verbessern, erteilte er zusätzlich Zeichenunterricht und nahm eine halbe Stelle als Kurator am Museum Avignon an. 1868 erhielt er Besuch aus Paris. Der französische Erziehungsminister Victor Duruy war auf ihn aufmerksam geworden und überbrachte ihm die Ehrung der *Légion d'Honneur*. Fabre sollte die Abteilung der Naturwissenschaften an der neu gegründeten Abendschule leiten. Sein moderner Unterricht gefiel, ein ruhiges Lehrerdasein schien sich anzukündigen – doch erneut kam es anders. Als er einer weiblichen Zuhörerschaft in seiner lebendigen Art den Vorgang der Befruchtung bei Pflanzen erklärte, entfachte er einen Sturm der Entrüstung. Prüde Eltern und konservative Kirchenkreise gingen gemeinsam gegen ihn vor. Was nun begann, lässt sich anschaulich nur als Hexenjagd umschreiben. Er musste mit seiner Familie Avignon, die Stadt, in der er 15 Jahre als anerkannter Lehrer gewirkt hatte, Hals über Kopf verlassen und stand plötzlich völlig mittellos da. Fabre wurde depressiv und sah seinem eigenen körperlichen und geistigen Verfall zu, als sei er ein Außenstehender. In seiner Not wandte er sich an seinen Freund, den englischen Philosophen John Stuart Mill (1806–1873). Fabre erhielt 3.000 Goldfranken von ihm. Von diesem Geld konnte er ein herrlich gelegenes Domizil in Orange erwerben und sich wieder seinen Studien widmen. Er schrieb Schulbücher und populärwissenschaftliche Schriften mit naturkundlichem Inhalt. Die schnell wachsende Zahl seiner Bücher sicherte seinen Lebensunterhalt und ermöglichte ihm zudem, seinem Freund innerhalb von nur zwei Jahren, den gewährten Kredit zurückzuzahlen. Wieder war ihm die Ruhe nicht lange vergönnt.

Schon 1879 sah er sich abermals von diesem Ort vertrieben, als die herrlichen Platanen, die die Straße zu seinem Grundstück säumten, eines Tages ohne für ihn ersichtlichen Grund gefällt wurden. In Sérignan-du-Comtat in der Nähe des Mont Ventoux fand er dann, was er suchte: ein ödes, trockenes Grundstück voller wilder Blumen und erfüllt von dem Schwirren zahlloser Insekten. Es war von einer Mauer umgeben, die sein kleines Paradies von der Außenwelt abschirmte. Er nannte es liebevoll *l'Harmas*, nach dem provençalischen Wort *Ermès*, was soviel wie Ödnis bedeutet. Oft sah man ihn mit einem Maultier, beladen mit Käse und Wein aus der Region, zusammen mit Freunden auf den nahen Mont Ventoux ziehen. Er erkundete die Pflanzen- und Tierwelt und lauschte dem wilden Konzert, das unzählige Insekten, Vögel und Amphibien veranstalteten. Fabre begann den ersten Band seiner berühmten *Souvenirs Entomologiques* zu schreiben. Er untersuchte die Entwicklungsbiologie der Ölkäfer und beschrieb den mehrfachen Gestaltwandel der Ölkäferlarve als Hypermetabolie. Außerdem widmete er sich dem Nestbau der Mauerbienen und entwickelte sich zum Kenner der reichhaltigen Pilzgesellschaft seiner südfranzösischen Heimat. In rund 700 Aquarellen hielt er fest, was er unter dem Mikroskop sah.

Seine sieben Kinder waren inzwischen alle aus dem Haus, als 1885 seine Frau starb. Zwei Jahre lebte er allein in *l'Harmas*, dann heiratete er zum zweiten Mal. Seine Frau Marie-Joséphine Daudel war wesentlich jünger als er. Mit ihr hatte er drei Kinder. Im hohen

Alter begann er nebenher Gedichte in der Sprache seiner südfranzösischen Heimat, in Provençalisch, zu schreiben. Er lernte Frédéric Mistral (1830–1914), den Gründer einer Gruppe provençalischer Mundartdichter kennen. Dieser konnte den Ankauf seiner Mappe mit den Pilzaquarellen, die er großenteils am Mikroskop zeichnete, für das Museum in Arles vermitteln.

In seinem Heimatdorf war er geachtet und beliebt, doch die wissenschaftliche Welt nahm wenig Notiz vom Leben und Tod dieses großen französischen Insekten- und Pilzkundlers. Obwohl für den Nobelpreis für Literatur nominiert, bekam er den begehrten Preis nie zugesprochen.

Jean Henri Fabre starb am 11. Oktober 1915 in seinem Haus in der Provence. Seine Bücher wurden nach seinem Tod in zahlreiche Sprachen übersetzt. Die deutschsprachigen Ausgaben enthalten bis heute jedoch immer nur ausgewählte Kapitel seiner eindrucksvollen Beschreibungen. Sein Haus ist längst zu einem viel besuchten Museum geworden und zeugt von der Schaffenskraft und der Beobachtungsgabe dieses Forschers.

WERKE

Fabre, J. H. C., 1890: Eléments d'histoire naturelle botanique. Paris, 280 S.

Fabre, J. H. C., 1897: Souvenirs Entomologiques. Études sur l'Instinct et les Moers des Insectes. Paris, 10 Bde., ca. 4000 S.

Fabre, J. H. C., 1906: Nouveaux Souvenirs Entomologiques – Études sur l'Instinct et les Moeurs des Insectes. Paris, 349 S.

KARL AUGUST MÖBIUS

(7.2.1825–26.4.1908)

Als Ökologe und Meeresbiologe fasste Möbius erstmals die Lebewesen eines begrenzten Lebensraumes als Lebensgemeinschaft auf und entdeckte und beschrieb wesentliche Grundregeln des Zusammenlebens. Für diese Lebensgemeinschaft prägte er den Begriff *Biozönose*, der eine der grundlegenden Vorstellungen der modernen Ökologie charakterisiert. Mit seinem Schaffen in Wort und Schrift wurde er zum Begründer dieser Teildisziplin der Ökologie. Seine Entdeckungen bedeuteten auch eine weitere Bestätigung für die von Charles Darwin und Alfred Wallace unabhängig voneinander entwickelte Evolutionstheorie.

Der hochbegabte Sohn eines Stellmachers kam am 7. Februar 1825 in Eilenburg in Sachsen zur Welt. Schon wenige Wochen nach der Geburt starb die Mutter. Seine Stiefmutter versorgte das Neugeborene, als wäre es ihr eigenes Kind. Ihr hatte er es auch zu verdanken, dass seine Hochbegabung frühzeitig entdeckt wurde. Schon als 4-Jähriger ging er in die Grundschule seines Geburtsortes. Acht Jahre später, Karl Möbius war nun 12 Jahre alt, besuchte er das private Lehrerseminar in Weißenfels. Mit 19 Jahren schloss er seine Ausbildung ab. Das Lehrerexamen bestand er mit Auszeichnung.

In Seesen am Harz wurde Möbius daraufhin im Oktober desselben Jahres als Elementarlehrer angestellt. Er war bei seinen Schülern beliebt, weil er den Unterricht lebendig gestaltete. Oft unternahm er mit ihnen Ausflüge in die Umgebung, damit sie durch Anschauung lernten. In seiner Freizeit las er Reiseberichte von Alexander von Humboldt (1769–1859), die ihn immer mehr in die große Welt hinauszogen. Er fühlte sich zu Höherem berufen und quittierte schließlich seinen Schuldienst, um gegen den Willen seines Vaters Naturwissenschaften und Philosophie in Berlin zu studieren. In Berlin holte er zunächst das Abitur nach und schrieb sich, unterstützt von seiner Stiefmutter, als Student ein. Der Direktor des Berliner Zoologischen Museums, Hinrich Lichtenstein (1780–1857), war sein Lehrer im Fach Zoologie. Er legte den Grundstein für Möbius' spätere Erfolge als Zoologe und Ökologe. Mit ihm verband ihn über sein Studium hinaus ein freundschaftliches Verhältnis. Möbius erhielt seine Promotion von der Universität Halle über die Beschreibung bestimmter mariner Würmer. Lichtenstein verdankte er eine neue Anstellung an der ältesten Hamburger Bildungsstätte, dem Johanneum. Möbius war jetzt 28 Jahre alt. Er lernte den Philosophen Jürgen B. Meyer kennen und diskutierte mit ihm über die Evolutionstheorie des Engländers Charles Darwin, dessen Buch kurz zuvor im Jahr 1859 erschienen war. Für Möbius war es eine Offenbarung. Er bezog daraus neue fruchtbare Impulse für die eigene Forschung an den Muschelbänken der Ostsee, die er parallel zu seiner Arbeit in Hamburg von Kiel aus durchführte. Forschung und Lehre verbanden sich bei ihm zu einer äußerst fruchtbaren Synthese. „Wer schwer verständlich schreibt, hat keine klare Einsicht in das, was er anderen mitteilen will", lautete seine Botschaft. In diesem Sinne leitete er die Neugestaltung des Hamburger Naturgeschichtlichen Museums und errichtete in Hamburg das erste Meerwasseraquarium Deutschlands, das 1863 seine Pforten öffnete. In Hamburg fand er auch sein privates Glück in der Schwester von Jürgen B. Meyer.

Die Universität zu Kiel berief ihn 1868 zum Professor für Zoologie und übertrug ihm die Leitung des neuen Zoologischen Museums. Kiel entwickelte sich zu einem Zentrum meeresbiologischer Forschung. Möbius beschäftigte sich mit Seesternen und vielen anderen Meeresbewohnern. Sein ausgezeichnetes Wissen auf dem Gebiet der Zoologie, der Botanik und Geologie wurde allgemein sehr geschätzt. Er fasste seine umfangreichen Kenntnisse in der gemeinsam mit Heinrich Adolph Meyer (1822–1889) herausgegebenen zweibändigen Fauna der Kieler Bucht zusammen, für die er die Mitwirkung weiterer Zoologen aus Kiel, Eldena, Neubrandenburg und Schwerin hatte gewinnen können. In diesem Werk wurden nicht nur, wie zu jener Zeit üblich, die abiotischen Lebensbedingungen der verschiedenen Meerestiere beschrieben; neu und geradezu revolutionär war die Betrachtung der Wechselbeziehungen zwischen den verschiedenen Organismen und die Ableitung von allgemeinen Gesetzmäßigkeiten des Zusammenlebens. Der erste Band erschien 1865, der zweite folgte 1782.

In den Jahren 1874 bis 1875 bereiste Möbius mit einer Forschungsgruppe Mauritius und die Seychellen. Ein Forschungsauftrag des Fischereivereins und der Preußischen Regierung führte schließlich zum wissenschaftlichen Durchbruch. Möbius sollte in Frankreich und England die Möglichkeiten der Austernzucht in deutschen Gewässern ausloten. Er untersuchte die dortigen Austernbänke und erkannte, dass sie eine Lebensgemeinschaft bilden, die ihre Entstehung und Erhaltung den speziellen Bedingungen vor Ort, z.B. dem Boden, dem Salzgehalt, der Wassertemperatur und dem Nahrungsangebot verdankt. Diese durch ein vielfältiges Beziehungsgefüge evolutionär gewachsene Lebensgemeinschaft bezeichnete er als *Biozönose*. Die Gesetzmäßigkeiten, die diese Lebensgemeinschaft bestimmten, sprachen für die Richtigkeit der Darwin'schen Evolutionstheorie. Die 1877 erschienene Schrift *Die Auster und die Austern-*

wirtschaft, in der diese Erkenntnisse zusammengefasst sind, ist sein bedeutendstes Werk. Darin erweist sich Möbius als überzeugter Anhänger und Verfechter der neuen Theorie.

Nach elf Jahren Forschung und Lehre in Kiel wurde er 1879 zum Rektor der Universität ernannt. Zunehmend beschäftigte sich der ehemalige Schullehrer auch mit dem Unterricht an den Schulen. Er verbreitete seine Ideen in zahlreichen Vorträgen an der Kieler Marineakademie und an Gemeindeschulen. Einer seiner regelmäßigen Zuhörer war der Hauptlehrer Friedrich Junge (1832–1905), der daraufhin einen Aufsatz über den naturgeschichtlichen Unterricht veröffentlichte und danach auf Anregung von Karl Möbius ein ganz in dessen Sinne angelegtes Buch mit dem Titel *Der Dorfteich als Lebensgemeinschaft* schrieb, das 1885 erschien. Nach und nach erreichte Möbius, dass der Biologieunterricht an allen Schulformen anschaulicher wurde und die durchgenommenen Tiere und Pflanzen mehr als Teil ihrer belebten und unbelebten Umwelt betrachtet werden.

Als im Museum für Naturkunde in Berlin die Neueinrichtung der Zoologischen Sammlung geplant wurde, erhielt Karl Möbius den Ruf nach Berlin. Er wurde Professor für Systematische und Geographische Zoologie an der dortigen Universität und übernahm die Leitung des Museums. Ganz im Sinne seines auf Anschaulichkeit und Biologieverständnis beruhenden pädagogischen Konzeptes verringerte er die Zahl der Exponate in der Schausammlung und schaffte dadurch eine Trennung von exemplarischer Schausammlung und wissenschaftlicher Belegsammlung. Sie ist heute in den Museen längst zu einer Selbstverständlichkeit geworden.

Im Alter von 76 Jahren übernahm Möbius 1901 die Leitung des Internationalen Zoologenkongresses in Berlin. Am 30. Dezember 1905 ging der hochangesehene Wissenschaftler in den verdienten Ruhestand. Karl Möbius starb im Alter von 83 Jahren am 26. April 1908 in Berlin.

Möbius war ab 1860 Mitglied der *Deutschen Akademie der Naturforscher Leopoldina* und ab 1888 Mitglied der *Preußischen Akademie der Wissenschaften*.

Werke

Möbius, K. A., 1857: Die echten Perlen. Abh. aus dem Gebiete der Naturwiss. 4: 1–89.

Möbius, K. A., 1859: Neue Seesterne des Hamburger und Kieler Museums. Hamburg, 14 S.

Meyer, H. A. & Möbius, K. A., 1865: Die Fauna der Kieler Bucht. Bd. 1: Die Hinterkiemer oder Pisthobranchia. Leipzig, 87. S.

Möbius, K. A., 1870: Ueber Austern- und Miesmuschelzucht und die Hebung derselben an den norddeutschen Küsten. Berlin, 67 S.

Meyer, H. A. & Möbius, K. A., 1872: Die Fauna der Kieler Bucht. Bd. 2: Die Prosobranchia und Lamellibranchia, nebst einem Supplement zu den Pisthobranchia. Leipzig, 139 S.

Möbius, K. A., 1877: Die Auster und die Austernwirtschaft, Berlin, 112 S.

Möbius, K. A., 1879: Blicke in das Thierleben des Meeres: eine Lebensgemeinde oder Biocönose der Ostsee. Deutsche Rev. 3, 5: 265–270.

Möbius, K. A., 1883: Die Fische der Ostsee. Berlin, 206 S.

Möbius, K. A., 1886: Die Bildung, Geltung und Bezeichnung der Artbegriffe und ihr Verhältnis zur Abstammungslehre. Zool. Jb. Syst., Biol. u. Geogr. I: 1–36.

Möbius, K. A., 1908: Ästhetik der Tierwelt. Jena, 126 S.

Henry Walter Bates

(8.2.1825–16.2.1892)

Der Name dieses englischen Naturforschers ist fest mit einem Begriff in der Biologie verbunden, der eine der grundlegenden Überlebensstrategien von Tieren beschreibt. Bates entdeckte das Phänomen, das er später in einem bahnbrechenden Werk als *Mimikry* (zu Deutsch vielleicht mit „Schauspielerei" zu übersetzen) bezeichnete, während seiner Reisen durch das Amazonasgebiet. Charles Darwin war begeistert von diesem Buch, sprach es doch für seine Evolutionstheorie.

Henry Walter Bates wurde am 8. Februar 1825 in Leicester, nordöstlich der Stadt Birmingham gelegen, als erster von vier Söhnen geboren. Sein Vater handelte mit Strickwaren. So wuchs der junge Henry Bates in einfachen Verhältnissen auf. Etwas Abwechslung boten ihm seine Streifzüge in die Natur. Er liebte es, in den Wiesen und Wäldern umherzuziehen und alle möglichen Insekten, vor allem aber Käfer, zu sammeln. Als ältester Sohn sollte er den Laden seines Vaters weiterführen, deshalb ging er mit 13 Jahren in die Lehre bei einem Strickwarenhändler. Etwa in dieser Zeit kam Alfred Russel Wallace nach Leicester. Er war zwei Jahre älter als Bates und ein genauso begeisterter Insektensammler. Sie trafen 1843 zufällig aufeinander, freundeten sich an und zogen fortan gemeinsam los, um Käfer zu suchen. Wallace, aus gutem Hause, war eher zurückhaltend und reserviert, Bates dagegen offen und extrovertiert.

Als ihnen 1847 eine Reisebeschreibung über das tropische Amazonasgebiet in die Hände fiel, wurde ihre Fantasie stark angeregt. Um wie viel spannender und aufregender musste es sein, selbst einmal in fernen Regionen auf Insektenjagd zu gehen. Alle Tiere waren größer, bunter und vielfältiger als in England, wo es gerade einmal 3.000 verschiedene Käferarten gab, die dazu meist klein und unscheinbar waren. Gegenseitig stachelten sie sich auf, bis ihr Entschluss feststand. Die beiden Freunde würden gemeinsam nach Südamerika reisen und im tropischen Regenwald Insekten und andere Tiere sammeln. Vom Verkauf dieser exotischen Ausbeute wollten sie ihre Reise bezahlen. Bates gab, sehr zum Missfallen seines Vaters, seine Stelle in einem Büro auf und machte sich mit Wallace auf die Reise; ihr Ziel: das Amazonasgebiet.

Am 26. Mai 1848 erreichten sie das heutige Belém in Brasilien. Gut eineinhalb Jahre erkundeten sie gemeinsam das Gebiet um die ausgedehnte Mündung des Rio Pará und des Rio Amazonas. Dann beschlossen die Freunde, getrennte Wege zu gehen, um unabhängig voneinander ein möglichst großes Gebiet erforschen zu können. Bates reiste stromaufwärts nach Santarém, wo der große Rio Tapajós von Süden kommend in den Amazonas mündet. Drei Jahre lang sammelte er hier und schickte Insekten, Reptilien, Vögel, Fische und Weichtiere zu Sammlern nach England. Dann zog er weiter den gewaltigen Amazonas hinauf, ließ Manaus sowie die Mündung des Rio Negro hinter sich und erreichte das heutige Tefé. Immer weiter stromaufwärts bereiste er den Amazonas, passierte Fonte Boá und erreichte schließlich São Paulo de Olivença am Dreiländereck von Peru, Kolumbien und Brasilien. Jetzt wollte er auch noch die Anden kennenlernen, doch seine Gesundheit zwang ihn zur Rückkehr. 1859, elf Jahre nach seiner Abreise aus England, kam er wieder zu Hause an. Während dieser Zeit hatte er über 14.000 Tiere – überwiegend Insekten – gesammelt, rund 8.000 waren neu für die Wissenschaft. Neben unbeschreiblichen Reiseeindrücken hatte er eine Entdeckung im Gepäck, die seinen Namen in der Biologie verankern sollte. Die Bates'sche Mimikry, wie sie ihm zu Ehren genannt wird, besagt, dass ungeschützte Arten solche im Aussehen nachahmen, die wegen ihres schlechten Geschmacks oder durch Gifte nicht gefressen werden, und so durch „Vorspiegelung falscher Tatsachen" geschützt sind. Ein Beispiel aus der heimischen Insektenwelt ist die gelb-schwarze Wespentracht, die ähnlich gefärbte Fliegen, Käfer und Spinnen schützt. Bates stellte dieses Schutzprinzip in seinem 1863 erschienenen Buch *The Naturalist on the River Amazons* vor, einem fast 800 Seiten umfassenden, chronologischen Bericht über seine Expedition in das Amazonasgebiet zwischen 1848 und 1859. Das Vorwort dazu schrieb Charles Darwin, der in diesem Naturphänomen einen weiteren Beleg für die Richtigkeit seiner Evolutionstheorie sah.

Im gleichen Jahr heiratete Bates Sara Ann Mason. Sein Traum, am berühmten Britischen Museum in London als Kurator zu arbeiten, erfüllte sich nicht. Stattdessen fand Bates 1864 eine Anstellung als *assistent secretary* bei der *Royal Geographical Society*, die er bis zu seinem Tod am 16. Februar 1892 ausfüllte.

Er edierte die *Transactions of the Royal Geographical Society* und verfasste zahlreiche eigene wissenschaftliche Arbeiten, vorwiegend über Käfer. Er entwickelte sich zu einem geachteten Spezialisten für Rüsselkäfer. 1881 wurde er ehrenvoll in die *Royal Society of London* aufgenommen.

WERKE

Bates, H. W., *1859: Notes on South American Butterflies. Trans. Entomol. Soc. London 5: 1–11.*

Bates, H. W., *1861: Contributions to an Insect Fauna of the Amazons Valley: Papiliionidae. Journ. Entomol. 1: 218–245.*

Bates, H. W., *1861–63: Contributions to an Insect Fauna of the Amazons Valley: Longicornes. Ann. Mag. Nat. Hist. 8 (1861): 40–52, 147–152, 212–219, 471–478, 9 (1862): 117–124, 396–405, 446–458, 12 (1863): 100–109, 275–288, 367–381.*

Bates, H. W., *1862: Contributions to an Insect Fauna of the Amazons Valley: Heliconiidae. Trans. Linn. Soc. London 6: 495–566.*

Bates, H. W., 1863: The Naturalist on the River Amazons. London. 2 Bde.
351 S. u. 423 S.

Alfred Edmund Brehm

(2.2.1829–11.11.1884)

Das bekannteste Werk von Alfred Brehm ist das nach ihm benannte Tierleben. Die ersten sechs Bände des *Illustrierten Thierlebens* erschienen in den Jahren 1864 bis 1869. In seiner zweiten Auflage (1882 bis 1887) erhielt das zehnbändige Werk den Namen, den es heute noch trägt: *Brehms Thierleben*. Die dritte Auflage (1890 bis 1893) wurde in mehrere Sprachen übersetzt und trug den Namen Alfred Brehms hinaus in die Welt. Auch wenn Brehm, was ihm immer wieder vorgeworfen wurde, Systematik, Anatomie und Physiologie der Tiere vernachlässigte und das Verhalten mancher Tierarten aus heutiger Sicht falsch deutete, so ist doch sein Lebenswerk dadurch beachtlich, dass es ihm hervorragend gelang, die „gebildeten Stände" für das Leben der Tiere zu interessieren. Damit hat er den Stellenwert der Zoologie nachhaltig verändert.

Alfred Brehm wurde im thüringischen Unterrenthendorf bei Neustadt an der Orla als zweites von sieben Kindern geboren. Sein Vater Christian Ludwig Brehm, Pastor von Beruf, war ein begeisterter Jäger und ein bekannter Ornithologe. Der „Vogelpastor", wie er allgemein genannt wurde, war weit über die Grenzen der kleinen Gemeinde bekannt. Mehr als 9.000 Vogelbälge umfasste seine Sammlung, daneben hielt und züchtete er in seinen Volieren zahlreiche Vogelarten. Von klein auf war Alfred Brehm daher mit der Vogelwelt seiner Heimat vertraut. Er kannte bald die Stimmen aller heimischen Vogelarten und verstand es, Tierpräparate selbst herzustellen. Darüber hinaus war er ein sehr guter Schütze und Jäger, der der Sammlung seines Vaters so manches seltene Stück hinzufügte.

Dennoch sollte er nicht in die Fußstapfen des Vaters treten. Weder Pfarrer noch Biologe, sondern Architekt sollte er nach dem Wunsch seines Vaters werden und so begann Alfred nach dem Schulabschluss, den er 1844 erreichte, eine Maurerlehre. Zeichnen lernte er auf der Altenburger Kunst- und Handwerksschule. Nach zwei Jahren war seine praktische Ausbildung abgeschlossen, er begann im September 1846 mit dem Architekturstudium in Dresden.

Als er wegen seiner großen ornithologischen Sachkenntnis ein Jahr darauf das Angebot des bekannten Vogelkundlers Johann Wilhelm Baron von Müller zu einer gemeinsamen Expedition ins nördliche Afrika erhielt, brach er sein Architekturstudium ab. Er würde es nie wieder aufnehmen. Fast fünf Jahre lang bereiste Brehm Ägypten, den Sudan, Kordofan (auch: Kurdufan), den Blauen Nil und die Halbinsel Sinai, dann kehrte er 1852 nach Deutschland zurück. Die wissenschaftliche Ausbeute der langen Reise war so bedeutsam, dass er als 23-jähriger Hobby-Ornithologe, der nicht ein einziges Semester Biologie studiert hatte, als Mitglied in die *Deutsche Akademie der Naturforscher Leopoldina* aufgenommen wurde. Die Ergebnisse veröffentlichte er in einem dreibändigen Werk, das im Jahr darauf erschien.

Die Reise durch den Norden Afrikas bestimmte sein Leben entscheidend. Zum einen stand für ihn nun fest, dass er sein Architekturstudium nicht wieder aufnehmen würde und zum anderen hatte er einen so großen Gefallen an Expeditionsreisen in ferne Länder gefunden, dass er, sooft er konnte, weite Reisen unternahm. Er studierte Zoologie in Jena und Wien und schloss sein Studium bereits nach nur vier Semestern am 1. Mai 1855 mit der Promotion erfolgreich ab.

Danach reiste er zusammen mit seinem älteren Bruder für zwei Jahre nach Spanien. Nach Deutschland zurückgekehrt, ließ er sich zunächst als freier Journalist in Leipzig nieder. Viele spannende Schilderungen aus der Tierwelt erschienen in dieser Zeit in verschiedenen Zeitschriften, unter anderem auch in der *Gartenlaube*. Mit seinem Stil und seiner Fähigkeit zu einer fesselnden Schilderung, die nie mit ausschweifenden Details ermüdete, machte er den weitsichtigen Verleger Herrmann Julius Meyer auf sich aufmerksam. Gemeinsam plante man 1860 die Herausgabe einer mehrbändigen Enzyklopädie der Tierwelt. Der erste Band erschien bereits drei Jahre später.

Brehm war inzwischen Direktor des Zoologischen Gartens in Hamburg und seit dem 14. Mai 1861 mit seiner Cousine Mathilde Reiz verheiratet. In dieser Zeit hatte er außerdem ein Buch über das Leben der Vögel geschrieben und zwei größere Reisen, nach

Lappland und Norwegen, sowie eine Jagdexpedition auf Einladung des Herzogs Ernst II. von Sachsen-Coburg und Gotha nach Ägypten und Abessinien unternommen.

In Hamburg, wo er den Zoo von 1863 bis 1866 leitete, war er stark eingebunden und konnte seine Enzyklopädie nicht recht vorantreiben. Außerdem konnte er sich mit seinen Vorstellungen von einer artgerechten Tierhaltung und -pflege nicht durchsetzen. Nach einem Zerwürfnis mit seinen Vorgesetzten reiste er im Zorn ab. Nach kurzem Aufenthalt in seiner Geburtsstadt, wo er inzwischen stolzer Besitzer eines Häuschens geworden war, zog Brehm nach Berlin. Hier begleitete er den Neubau des Berliner Aquariums von der ersten Planung an. Die Grundsteinlegung fand 1867 statt. Am 11. Mai 1869 betrat der erste Besucher das neue Aquarium. Es war mehr als nur ein Haus für Fische. In grottenähnlichen Gewölben und Gängen, in Aquarien, Terrarien und Volieren wurden mehr als 10.000 Tierarten präsentiert. Brehm wurde erster Direktor dieser sensationellen, ganz nach seinen Vorstellungen errichteten Anlage. Seine sehr vermenschlichende Vorstellung über Tiere und deren Haltung führte jedoch bald zu einer hohen Sterblichkeit im Tierpark. Kritik kam auf, aus dem Kreis der Besucher und vor allem aus den Reihen der Wissenschaft. Erfolglos versuchte Brehm sich gegen die Angriffe zur Wehr zu setzen und verteidigte seine Sicht vom vernunftbegabten Tier. Schließlich brachte er auch die Aktionäre des Zoos gegen sich auf. Nach nur fünf Jahren beendete Brehm seine Tätigkeit in Berlin. In der Folgezeit ging es mit dem Aquarium zusehends bergab. Schließlich wurde es am 30. September 1910 ganz geschlossen. Heute erinnert eine Gedenktafel an das Brehm'sche Aquarium.

Bis 1869 erscheinen die restlichen Bände seines Tierlebens. Die Illustrationen steuerte sein Freund, der Tiermaler Robert Kretschmer, bei. Die Buchreihe wurde ein voller Erfolg und bald in einer 2. Auflage (1882 bis 1887) herausgebracht. Diese trug nun den Titel, unter dem das Werk und auch sein Autor Weltruhm erlangten: *Brehms Thierleben.*

Wieder zog es ihn hinaus in die Welt. Zunächst bereiste er zusammen mit seinem Freund Otto Finsch, dem Grafen von Waldburg-Zeil-Trauchburg, Westsibirien und Kirgisien. Danach begleitete er den österreichischen Kronprinzen Rudolf, der ein großer Vogelkenner war, auf seinen Reisen durch Ungarn (1878) und Spanien (1879).

Wenn er sich nicht auf großer Reise befand, war seine Zeit mit Vorträgen ausgefüllt. Er verstand es, die Zuhörer mit spannenden Berichten und erstaunlichen Beobachtungen zu fesseln. Seine Bekanntheit wuchs. Als er 1883 eine Einladung aus Übersee erhielt, nahm er an. Doch seine Kräfte ließen allmählich nach. Erschöpft musste er nach einem Jahr vorzeitig aus den USA zurückkehren. Am 11. November 1884 beschloss er sein unstetes Leben in seiner Geburtsstadt Renthendorf.

Mit dem Namen Alfred Brehm verbunden ist eine Reihe mit wissenschaftlichen Monographien, die *Neue Brehm Bücherei*, die seit Erscheinen des ersten Heftes 1949 inzwischen über 650 Titel umfasst. Sein Tierleben erlebt beständig weitere, überarbeitete Auflagen.

WERKE

Brehm, A., 1855: Reiseskizzen aus Nord-Ost-Afrika oder den unter egyptischer Herrschaft stehenden Ländern Egypten, Nubien, Sennahr, Rosseeres und Kordofahn gesammelt auf seinen in den Jahren 1847 bis 1852 unternommenen Reisen. Erster Theil: Reisen von Kordofan und zurück. Jena, 376 S.

Brehm, A., 1855: Reiseskizzen aus Nord-Ost-Afrika oder den unter egyptischer Herrschaft stehenden Ländern Egypten, Nubien, Sennahr, Rosseeres und Kordofahn gesammelt auf seinen in den Jahren 1847 bis 1852 unternommenen Reisen. Zweiter Theil: Aufenthalt und Reisen in Egypten. Jena, 272 S.

Brehm, A., 1855: Reiseskizzen aus Nord-Ost-Afrika oder den unter egyptischer Herrschaft stehenden Ländern Egypten, Nubien, Sennahr, Rosseeres und Kordofahn gesammelt auf seinen in den Jahren 1847 bis 1852 unternommenen Reisen. Dritter Theil: Zweite Reise nach dem Sudahn, Reise nach dem Sinai und Heimkehr. Jena, 356 S.

Brehm, A., 1863: Ergebnisse einer Reise nach Habesch im Gefolge Seiner Hoheit des regierenden Fürsten von Sachsen-Coburg-Gotha, Ernst II. Hamburg, 440 S.

Brehm, A. & Roßmäßler, E. A., 1863: Die Thiere des Waldes. Bd. 1. Leipzig, Heidelberg, 658 S.

Brehm, A., 1864–69: Illustrirtes Thierleben. Eine allgemeine Kunde des Tierreiches. Hildburghausen, 6 Bde., 5.500 S.

Brehm, A., 1867: Das Leben der Vögel. Dargestellt für Haus und Familie. Glogau, 650 S.

Brehm, A. & Roßmäßler, E. A., 1867: Die Thiere des Waldes. Bd. 2.
Leipzig, Heidelberg, 482 S.
Brehm, A., 1872: Gefangene Vögel. Ein Hand- und Lehrbuch für Liebhaber
und Pfleger einheimischer und fremdländischer Käfigvögel. Leipzig,
Heidelberg, 626 S.
Brehm, A., Taschenberg, E. L. & Schmidt, O., 1876–79: Brehms Thierleben:
Allgemeine Kunde des Thierreichs. Zweite umgearbeitete und vermehrte
Auflage. Leipzig, 10 Bde., 6.800 S.

FERDINAND GUSTAV JULIUS VON SACHS

(2.10.1832–29.5.1897)

Der deutsche Botaniker erschloss mit seinen experimentellen Untersuchungen zur Pflanzenphysiologie, besonders der Bewegungen, der Nährstoffaufnahme, des Wachstums und des Stoffwechsels bei Pflanzen, ein vollkommen neues Arbeitsgebiet und formte es zu einer eigenständigen Teildisziplin der Biologie. Seine grundlegenden Arbeiten trugen viel zum Verständnis der Lebensform Pflanze bei. Sachs klärte zahlreiche unzureichend verstandene und kontrovers diskutierte Inhalte endgültig und führte viele ältere, isoliert voneinander stehende Erkenntnisse zusammen. Zu seinen größten wissenschaftlichen Leistungen gehören der Nachweis der Stärkebildung in den Blattgrünkörperchen (Chloroplasten) und der indirekte Nachweis der Phytohormone. Er entwickelte spezielle Gewebefärbungen für die Mikroskopie, die als chemische Nachweisverfahren bestimmte Stoffwechselvorgänge darzustellen vermögen.

Julius war das achte Kind des Graveurs und Kupferstechers Christian Gottlob Sachs und seiner Frau Maria Theresia. Er wurde am 2. Oktober 1832 in Breslau geboren. Die Familie lebte in einfachen Verhältnissen, die Geldsorgen waren drückend. Zusätzlich belastend für die Eltern war der frühe Tod von fünf ihrer neun Kinder. Der Versuch des Vaters, in der nahe gelegenen Kreisstadt Namslau an der Weida ein besseres Einkommen zu erzielen, scheiterte. Schon nach einem Jahr kehrte die Familie nach Breslau zurück. Ablenkung und Erholung vom tristen Alltag suchte sie bei ausgedehnten Spaziergängen in die umgebende Natur. Hier wurde der Keim für die spätere naturwissenschaftliche Karriere Julius Sachs' gelegt, in jener Zeit lernte der junge Julius allerdings auch, sich zurückgezogen mit Hilfe von Büchern das gewünschte Wissen anzueignen. Er ging vier Jahre in die Seminarschule von Breslau, bevor er in das anspruchsvolle Elisabeth-Gymnasium aufgenommen wurde. Wieder waren es die Bücher, die ihm das vermittelten, was der schulische Naturkundeunterricht nicht zu leisten vermochte. Bald begann Sachs, eigene Beobachtungen zu protokollieren. Seine Studien über die Lebensweise des Flusskrebses baute er dann 1853 zu seiner ersten wissenschaftlichen Veröffentlichung aus. Mit seinem Zeichentalent, das er vom Vater in die Wiege gelegt bekommen hatte, konnte er sich mit wissenschaftlichen Zeichnungen, die er für den Vater seines Schulfreundes, den bekannten Breslauer Arzt Jan Evangelista Purkinje (1787–1868), anfertigte, etwas Taschengeld verdienen. Gerade als sich sein weiterer Weg abzuzeichnen schien, nahm ihm das Schicksal zuerst den Vater und ein Jahr später die Mutter durch Krankheit. Ohne Eltern und weitgehend mittellos musste Julius die Schule 1850 als Obersekundaner verlassen. Die Seefahrt würde ihn ernähren, kalkulierte er tief bedrückt. Doch dazu kam es nicht, denn der Vater seines Schulfreundes holte ihn nach Prag. Der Arzt Purkinje hatte einen Ruf an die Medizinische Fakultät angenommen und richtete sich gerade ein. Er hatte seine Frau und zwei Töchter durch Krankheit verloren und nahm den jungen Julius wie einen Sohn bei sich auf. Endlich konnte Julius Sachs wieder die Schule besuchen. Schon 1851 legte er am Clementinum die Reifeprüfung ab und begann noch im gleichen Jahr, Naturwissenschaften zu studieren. Für seinen Ziehvater zeichnete er viel und erhielt dabei wertvolle wissenschaftliche Einblicke. Daneben bildete er sich autodidaktisch weiter. Er las wissenschaftliche Abhandlungen über Botanik, Physik und Mathematik. Dagegen zeigte er sich von seinen akademischen Lehrern offensichtlich weniger beeindruckt. Er zog es vor, zusammen mit seinem Freund Emanuel Purkinje selbst zu beobachten und zu experimentieren. Er begann, wissenschaftliche Referate zu verfassen. Am 17. Juli 1856 wurde Sachs, ohne eine eigentliche Dissertation eingereicht zu haben, zum Dr. phil. promoviert.

Damit war für ihn die Zeit gekommen, auf eigenen Füßen zu stehen. Er mietete sich eine Wohnung in der Prager Neustadt und finanzierte seinen Unterhalt mit Privatunterricht und diversen literarischen und zeichnerischen Arbeiten. Daneben fand er die Zeit, seine Habilitationsschrift über den Wasserhaushalt von Pflanzen vorzubereiten. Diese physiologisch ausgerichtete Abhandlung orientierte sich nicht an den sonst üblichen botanischen Arbeiten. Sie wurde auch erst nach langer kontroverser Diskussion und auf Empfehlung des Lemberger Physikers Viktor Pierre angenommen. In seiner ersten Vorlesung, die Sachs im März 1857 hielt, dozierte er über Bewegungserscheinungen im Pflanzenreich. Er musste den Prager Professoren mit seinem zukunftsweisenden neuen Forschungsansatz die Augen geöffnet haben, denn er wurde sogleich zum Privatdozenten für Pflanzenphysiologie ernannt. Im Mittelpunkt seines Interesses standen zunächst die unterirdischen Pflanzenteile. Um das Wachstum der Wurzeln verfolgen zu können, hielt er die Pflanzen ohne Erde in einem mit Nährsalzlösung gefüllten Glas. Dabei handelte es sich um eine Art Hydrokultur, die zwar schon früher entwickelt worden war, aber dennoch für Aufsehen sorgte, denn diese Kulturmethode bestätigte die Mineralstofftheorie der Pflanzenernährung von Carl Sprengel (1787–1859) und Justus von Liebig (1803–1873). Außerdem bewies diese Kulturmethode, dass die Pflanzen, wie von Liebig vertreten, den Kohlenstoff aus der Luft aufnehmen und nicht, wie bis dahin allgemein angenommen, aus dem Humus des Bodens. Man wurde auf den jungen Experimentalphysiologen aufmerksam und rief ihn an die Königlich Sächsische Akademie für Forst- und Landwirte zu Tharandt bei Dresden, wo er im April 1859 mit seiner Arbeit begann. Die Vielfalt seiner Forschungsarbeiten und die große Bedeutung, die man ihnen beimaß, führten bald dazu, dass er Angebote verschiedener wissenschaftlicher Einrichtungen aus ganz Deutschland erhielt. Im Februar 1861 wurde er Leiter der landwirtschaftlichen Versuchsstation in Chemnitz. Bereits zwei Monate später wurde er zum Lehrer für Naturgeschichte an die Landwirtschaftliche Akademie in Poppelsdorf bei Bonn berufen. Seine gesicherte Stellung erlaubte Julius Sachs nun zu heiraten. Aus der Ehe mit Johanna Claudius gingen vier Kinder hervor: Elisabeth, Hugo, Richard und Maria.

Die Ernennung zum Professor erfolgte 1863. Zu den großen Entdeckungen in dieser Zeit gehört der Nachweis, dass Stärke durch Assimilation von Kohlendioxid in den Blattgrünkörperchen

(Chloroplasten) der Pflanzenzellen gebildet wird. Am 1. Oktober 1865 erschien das Standardwerk der Pflanzenphysiologie aus der Feder von Julius Sachs, das im Wesentlichen eine Übersicht eigener Forschungsergebnisse darstellt. Dieses Werk mit dem Titel *Handbuch der Experimentalphysiologie* bedeutet den endgültigen Durchbruch für die neue Forschungsrichtung und machte sie einer breiten Öffentlichkeit bekannt.

Im April 1867 lockte man ihn mit großen Versprechungen nach Freiburg. Als diese sich nicht in dem von ihm erwarteten Maß erfüllten, kehrte Sachs dieser Stadt bereits nach eineinhalb Jahren den Rücken und nahm einen Ruf aus Würzburg an. Im Oktober 1868 konnte er dort mit dem Aufbau eines pflanzenphysiologischen Instituts ganz nach seinen Vorstellungen beginnen. Weitere Angebote aus Jena (1868), Heidelberg (1872), Wien (1873), Berlin (1878), Bonn (1880) und München (1881) schlug er aus, blieb für den Rest seines Lebens in Würzburg und machte diese Stadt zum Mekka der experimentellen Botanik. Viele Schüler zog es zu Julius Sachs, von denen 40 später selbst Inhaber eines Lehrstuhls wurden.

Reichten anfangs noch wenige Seiten, um die Kenntnisse der Pflanzenphysiologie darzustellen, so füllten sie am Ende seines Forscherlebens ein dickes Handbuch. Allein dies zeigt, wie viel Julius von Sachs entdeckt, erforscht und beschrieben hat. Seine besondere Weitsicht illustriert eine Stellungnahme, die er kurz vor seinem Tod abgegeben hat: „Mir ist es immer merkwürdig vorgekommen, dass selbst Naturforscher die Ausrottung typischer Gestalten mit kühler Miene mit ansehen; wenn man bedenkt, dass jede organische Form ihrer phylogenetischen Entstehung nach ein historisches Ereignis war, welches sich niemals wiederholen kann, so ist durch ihre Ausrottung eine Lücke für alle Ewigkeit in der organischen Welt verursacht, und das ist doch wohl keine Kleinigkeit, selbst wenn es sich nicht um Riesenvögel, sondern nur um mikroskopisch kleine Species handelt". Den Lehren Darwins stand er zunehmend distanziert gegenüber, nicht weil er sie für falsch hielt, sondern weil sie ihm unzureichend begründet erschienen. Auch hierin war er seiner Zeit voraus.

Neben der Verleihung der beiden Ehrendoktorwürden durch die Universitäten von Würzburg (1868) und Bologna (1888) wurde er

1877 mit der Verleihung des *Verdienstordens der Bayerischen Krone* in den Adelstand erhoben und nannte sich fortan Julius von Sachs.

Nicht alle seine Ergebnisse wurden kritiklos angenommen. Sicher erwies sich die meiste Kritik im Nachhinein als unberechtigt, dennoch aber verprellte er nach und nach mit seinem immer aggressiver werdenden Ton, mit denen er Kritiker und vermeintliche Opponenten barsch abkanzelte, auch die wohlgesonnensten Kollegen. Er zog sich zunehmend zurück und beschloss sein arbeitsreiches Leben in Einsamkeit nach langer Krankheit am 29. Mai 1897. Die Beisetzung fand auf dem Würzburger Hauptfriedhof statt. Seit 1967 ruhen seine Gebeine in einem Ehrengrab der Universität Würzburg.

Heute gibt es am Biozentrum der Universität Würzburg das Julius-von-Sachs-Institut für Biowissenschaften mit den drei biologischen Lehrstühlen Botanik I und II sowie Pharmazeutische Biologie.

WERKE

Sachs, J., *1864: Über die obere Temperatur-Grenze der Vegetation. Flora 1–3: 1–48.*

Sachs, J., *1864: Ueber den Einfluss der Temperatur auf das Ergrünen der Blätter. Flora 32: 1–16.*

Sachs, J., *1865: Handbuch der Experimentalphysiologie der Pflanzen. Untersuchungen über die allgemeinsten Lebensbedingungen der Pflanzen und die Functionen ihrer Organe. Leipzig, 514 S.*

Sachs, J., *1868: Lehrbuch der Botanik nach dem gegenwärtigen Stand der Wissenschaft bearbeitet. Leipzig, 632 S.*

Sachs, J., *1875: Die Geschichte der Botanik vom 16. Jahrhundert bis 1860. Geschichte der Wissenschaften in Deutschland. Neuere Zeit Band 15: 1–612.*

Sachs, J., *1882: Die Vorlesungen über Pflanzenphysiologie. Leipzig, 991 S.*

Sachs, J., *1892/93: Gesammelte Abhandlungen über Pflanzenphysiologie. Leipzig, 1.243 S.*

Sachs, J., *1894: Mechanomorphosen und Phylogenie. Flora 78: 215–243.*

Sachs, J., *1896: Phylogenetische Aphorismen und ueber innere Gestaltungsursachen oder Automorphosen. Flora 82: 173–223.*

Ernst Heinrich Phillipp August Haeckel

(16.2.1834–9.8.1919)

Schon mit 28 Jahren wurde Ernst Haeckel Professor in Jena und lehrte 47 Jahre lang in dieser Stadt. Mit seinen populärwissenschaftlichen Werken und seinen künstlerischen Darstellungen von Einzellern, Quallen und zahlreichen anderen wirbellosen Meerestieren erreichte er weltweite Bekanntheit. Davon profitierte auch die Universitätsstadt Jena, die einen regen Zulauf an Studenten verzeichnete. Sein wissenschaftliches Werk kann sich ebenfalls sehen lassen. Er entdeckte im Zuge seiner beschreibenden Untersuchungen an marinen Lebensformen mehrere tausend Arten neu und beschrieb sie wissenschaftlich.

Von Anfang an war er ein überzeugter Anhänger der Darwin'schen Evolutionstheorie. Seine Vorlesungen über die neue Abstammungslehre füllten regelmäßig den größten Hörsaal der Universität und fanden ein begeistertes Echo. Mit seinem Wirken machte er die Evolutionstheorie in Deutschland populär. Nicht unerwähnt bleiben darf in diesem Zusammenhang, dass Haeckel sie durch eigene Untersuchungen zu stützen und weiterzuentwickeln versuchte. Mit seinen weit ausgreifenden Theorien fand er sich jedoch bald heftiger Kritik ausgesetzt. Noch heute ist die unglückliche Rolle Haeckels als ungewollter Vordenker nationalsozialistischer Weltanschauung in der Diskussion, während seine wissenschaftlichen Theorien durch neue Erkenntnisse in der Biologie als falsifiziert oder überholt gelten können.

Ernst Haeckel wurde am 16. Februar 1834 als zweiter Sohn des Regierungsrates Carl Gottlob Haeckel in Potsdam geboren. Ein Jahr später zog die Familie nach Merseburg, wo Ernst Haeckel die Schule besuchte. Er erlebte seinen Vater als sehr strengen, temperamentvollen Erzieher. Seine Mutter Charlotte, geb. Sethe, war gütig, verständnisvoll und ausgleichend. Er hing sehr an ihr, die ihm das Gefühl von Geborgenheit und Sicherheit vermittelte. In seiner aufbrausenden Art glich er jedoch mehr dem Vater. Die Familie war gebildet und vielseitig interessiert. Die Mutter war es, die ihn schon in jungen Jahren mit den Pflanzen im Garten vertraut machte und ihn zu eigenen Gartenarbeiten anhielt. Ein kurz vor seiner Einschulung engagierter Privatlehrer vertiefte Haeckels botanische Kenntnisse. Das Interesse an der Natur war geweckt. Die Schule, die er am 12. März 1852 erfolgreich mit dem Abitur abschloss, war ihm zu einseitig auf klassische Bildung ausgerichtet, er vermisste den naturkundlichen Unterricht. Ausgleich verschaffte er sich durch Lesen. Besonders fesselnd fand er das Buch *Robinson Crusoe*. Es führte ihn hinaus in fremde Welten und entfachte in ihm eine träumerische Sehnsucht nach dem großen Abenteuer. Er verschlang die Berichte bekannter Forschungsreisender, vor allem die lebendigen Reiseschilderungen von Alexander von Humboldt (1769–1859) und Charles Darwin (1809–1882). Außerdem erkundete er die Natur in seiner Umgebung, sammelte Pflanzen und Schmetterlinge und hatte bald eine schöne private Sammlung zusammengetragen. Er begann zu zeichnen und beeindruckte dabei die Betrachter durch seine gelungenen Arbeiten.

Nachdem ihm das Buch *Die Pflanze und ihr Leben* von Matthias Schleiden (1804–1881) in die Hände gefallen war, fasste er den Entschluss, Pflanzenkunde zu studieren. Sein Vater war dagegen, doch das Medizinstudium, das er auf Wunsch seines Vaters nun in Berlin begann, eröffnete ihm quasi durch die Hintertür den Zugang zu den Naturwissenschaften, speziell zur Botanik, die zu jener Zeit noch kein eigenes Studienfach bildete. Er wechselte bald nach Würzburg, wo Rudolf Virchow (1821–1902) und Franz von Leydig (1821–1908) zu seinen akademischen Lehrern gehörten. Seine hochgesteckten Erwartungen hinsichtlich der Naturwissenschaften wurden jedoch von beiden Universitäten nicht erfüllt. Enttäuscht und restlos davon überzeugt, dass Medizin nicht das Richtige für ihn sei, wandte er sich an seinen Vater. Daraufhin kamen versöhnliche Worte, er müsse nicht Arzt werden, wenn er es nicht wolle. Bald wurde er *Königlich bayrischer Assistent* an der Pathologisch-Anatomischen Anstalt zu Würzburg. Hier bestätigte sich, dass der Umgang mit Patienten nicht seine Sache war und es auch nicht werden würde. Als sein Mentor Virchow von Würzburg nach Berlin wechselte, entschied sich Haeckel für die wissenschaftliche Zoologie, um sich, wie von Anfang an beabsichtigt, fortan dem Studium der für ihn faszinierenden Naturformen zu widmen. Mit einer Arbeit über den Flusskrebs wurde er am 7. März 1857 promoviert und erhielt sogleich die Approbation zum praktischen Arzt. Er eröffnete eine Praxis im väterlichen Haus, die er jedoch nicht ernsthaft betrieb. Stattdessen widmete er sich mit großer Intensität dem Studium der Natur. Seine Cousine Anna Sethe, mit der er sich im September 1858 in Heringsdorf verlobte, begegnete ihm in dieser Zeit mit viel Verständnis.

Noch immer war Haeckels Sehnsucht nach fernen Inseln wach. Seine erste meeresbiologische Exkursion führte ihn 1854 jedoch nur bis zur Insel Helgoland. In den folgenden Jahren konnte er mit Billigung und finanzieller Unterstützung seines Vaters eine längere Reise nach Italien unternehmen. Dort entstand seine erste wissenschaftliche Monographie. Es ist eine Arbeit über einzellige, mit einem Kieselskelett versehene Planktontierchen, den Radiolarien, deren Formenreichtum einen kunstsinnigen Menschen wie Haeckel in ihren Bann ziehen musste. Haeckel entdeckte 144 neue Arten. Mit dieser Arbeit konnte er sich am 4. März 1861 habilitieren.

Im Juni des folgenden Jahres wurde er Privatdozent an der Universität Jena. Die nun gewonnene materielle Sicherheit ermöglichte es ihm, seine Verlobte im August 1862 zu heiraten. Ihnen war jedoch nur ein kurzes, intensives Glück beschieden. Am 16. Februar 1864, seinem 30. Geburtstag, starb Anna nach kurzer Krankheit. Haeckel flüchtete sich in seine Arbeit und wurde belohnt. 1865 erhielt er die Ehrendoktorwürde und wurde noch im selben Jahr zum Ordentlichen Professor für Zoologie an der Universität Jena ernannt. Er heiratete ein zweites Mal. Mit Agnes Huschke, der jüngsten Tochter des Jenaer Anatomieprofessors Emil Huschke, schloss er 1867 den Bund fürs Leben. Aus dieser Ehe gingen ein Sohn und zwei Töchter hervor.

Das Werk eines Engländers sollte Haeckels ganzes wissenschaftliches Denken bestimmen. Im Sommer 1860 erschien unter dem umständlichen Titel *Über die Entstehung der Arten im Thier- und Pflanzenreich durch natürliche Züchtung, oder Erhaltung der vervollkommneten Rassen im Kampfe um's Daseyn* die deutsche Ausgabe von Darwins revolutionärem Werk. Haeckel war wie elektrisiert und entwickelte sich in den folgenden Jahren zum glühenden Verfechter dieser epochalen Theorie. Seine Vorlesungen zur Abstammungslehre füllten den größten Hörsaal der Universität. Immer mehr Studenten zog es an die Universität in Jena, um ihn und seine neue Lehre zu hören. Er entwickelte sein *Biogenetisches Grundgesetz*, wonach die Ontogenese eine kurze Wiederholung der Stammesgeschichte darstelle. Doch schon zu Lebzeiten erfuhr er – völlig zu Recht – scharfe Kritik. Heute gilt dieses „Gesetz" in der Biologie als widerlegt. Besonders heftige Kritik aus allen Kreisen erntete er dann für die Übertragung der Stammesgeschichte auf den Menschen. Auch Virchow, sein ehemaliger Lehrer aus Würzburger Studienzeiten, gehörte nun zu seinen erbitterten Gegnern. Virchow unterstellte ihm staatsgefährdende Tendenzen und verhinderte die Aufnahme der menschlichen Evolutionslehre in den Unterricht. Die Schriften von Darwin und Haeckel wurden in Preußen verboten und schließlich der Naturkundeunterricht an Gymnasien vollständig abgeschafft. Die Kritik, der Haeckel ausgesetzt war, nahm immer schärfere Formen an und erreichte das Niveau persönlicher Diffamierung. Trotzig hielt Haeckel dagegen und fand auch immer mehr Befürworter seiner Lehre.

1878 wurde Haeckel Prorektor der altehrwürdigen Universität Jena. Unter seiner Leitung entstand der Bau des neuen Zoologischen Instituts, der 1883 vollendet wurde, und auch sein neues Wohnhaus, von ihm *Villa Medusa* getauft, wurde in diesem Jahr bezugsfertig. Anlässlich des 350-jährigen Bestehens der Universität stiftete Haeckel das Phyletische Museum. Es sollte Kunst und Wissenschaft zusammenführen. Am 1. April 1909 wurde er ehrenvoll emeritiert. Er zog sich in seine *Villa Medusa* zurück und widmete sich ganz seinen philosophischen Schriften. Nach dem Tod seiner Frau Agnes im Jahr 1815 wurde er zunehmend gebrechlich. Ernst Haeckel starb am 9. August 1919 in seinem Haus.

Haeckel unternahm zahlreiche Forschungsreisen. Zwischen 1859 und 1860 hielt er sich in Süditalien auf, 1866 bis 1867 reiste er auf die Kanarischen Inseln, 1869 nach Norwegen, 1871 nach Dalmatien und 1873 besuchte er Ägypten, die Türkei und Griechenland, später auch Korfu. In den folgenden Jahren hielt er sich mehrfach in England und Schottland auf, wo er unter anderem mit Charles Darwin zusammentraf. In den Jahren 1881 bis 1882 schließlich ging sein Jugendtraum in Erfüllung. Er trat eine Reise in die Tropenregionen Asiens, unter anderem nach Ceylon, dem heutigen Sri Lanka, an. Kleinasien und Palästina lernte er 1887 kennen. Danach folgten Reisen nach Algerien (1890), Südfinnland und Russland (1897) sowie nach Korsika (1899). Im Jahr 1900 führte ihn eine Reise erneut in die Tropen. Schweden (1907) war schließlich das Ziel der letzten Forschungsreise des inzwischen 73-jährigen Haeckel.

Aus seinem durch den Evolutionsgedanken geprägten wissenschaftlichen Naturverständnis heraus entwickelte er eine monistische Weltphilosophie, die den Dualismus zwischen Heiligem und Profanem (Gott – Welt, Leib – Seele, Geist – Stoff, Licht – Finsternis) als Irrlehre ablehnt. Der von Haeckel vertretene Monismus besagt im Grunde, dass es in der Welt überall mit natürlichen Dingen zugehe. Eine Schöpfung habe es nie gegeben und folglich auch keinen Schöpfer, auch der Glaube an Offenbarungen und Wunder sei falsch. Dennoch täte man Haeckel wahrscheinlich unrecht, würde man ihn als reinen Atheisten bezeichnen, denn Gott war für ihn identisch mit den Gesetzen der Natur. Das Leben auf der Erde habe durch Urzeugung begonnen und sich im Laufe vieler Millionen Jahre, allein den Naturgesetzen unterworfen, zur heutigen Vielfalt entwickelt. Folgerichtig postulierte er den gemeinsamen Ursprung aller Organismen und beschäftigte sich intensiv mit der Darstellung des Evolutionsverlaufs in Form von Stammbäumen. Dem Menschen billigte er darin keine Sonderstellung zu, vor allem sei er nicht das Ebenbild eines Gottes, sondern dem Tierreich zuzuordnen. Haeckel definierte den Menschen als Teil der Natur, der sich im Laufe der Evolution aus affenähnlichen Vorfahren entwickelt habe. Da für ihn dieselben Naturgesetze gälten wie für Tiere und Pflanzen, unter denen zahlreiche Arten durch gezielte Züchtung zu Haustieren und Nutzpflanzen gemacht worden waren, trat er für Euthanasie und Eugenik ein und diskutierte die Bedeutung von Selektion und Züchtung beim Menschen.

Um seine Philosophie zu verbreiten, gründete er 1906 in Jena den *Deutschen Monistenbund*, dem bald zahlreiche bekannte Persönlichkeiten angehörten. Bei seinen häufigen Reisen sah er die herrschenden Vorurteile seiner Zeit bestätigt. Nur der europäische Mensch besitze den Fleiß und die Fähigkeiten, um die natürlichen Reichtümer der fernen Länder zu erschließen. Der Monistenbund wurde erst durch die Nationalsozialisten verboten, die freilich wesentliche Thesen Haeckels übernahmen.

Sein wissenschaftliches Werk umfasst Monographien über meeresbewohnende Radiolarien, über Schwämme sowie über verschiedene quallenartige Hohltiere. Besonders seine Arbeiten über die Radiolarien sind wissenschaftliche Standardwerke. So umfasst seine Bearbeitung der Radiolarien-Ausbeute der britischen Challenger-Expedition 2.750 Druckseiten und 140 Bildtafeln. Sie enthält die Beschreibung und Benennung von mehr als 3.500 neuen Arten.

Herausragend ist auch seine in zwei Bänden erschienene *Generelle Morphologie der Organismen*, in der er die grundlegenden Gedanken Darwins zusammenfasste und die *Organische Formenwissenschaft* neu begründete.

WERKE

Haeckel, E. H. P. A., 1868: Natürliche Schöpfungsgeschichte. Gemeinverständliche wissenschaftliche Vorträge über die Entwicklungslehre im Allgemeinen und diejenige von Darwin, Goethe und Lamarck im Besonderen, über die Anwendung derselben auf den Ursprung des Menschen und andere damit zusammenhängende Grundfragen der Naturwissenschaft. Berlin, 568 S.

Haeckel, E. H. P. A., 1874: Anthropogenie oder Entwicklungsgeschichte des Menschen. Gemeinverständliche wissenschaftliche Vorträge über die Grundzüge der menschlichen Keimes- und Stammes-Geschichte. Leipzig, 732 S.

Haeckel, E. H. P. A., 1878: Das Protistenreich. Eine populäre Uebersicht über das Formengebiet der niederen Lebewesen. Mit einem wissenschaftlichen Anhange: System der Protisten. Leipzig, 104 S.

Haeckel, E. H. P. A., 1879: Das System der Medusen. Erster Teil einer Monographie der Medusen. Textband und Atlasband. Jena, 2 Bde., 1.113 S.

Haeckel, E. H. P. A., 1884: Indische Reisebriefe. Berlin, 378 S.

Haeckel, E. H. P. A., 1893: Der Monismus als Band zwischen Religion und Wissenschaft. Glaubensbekenntnis eines Naturforschers. Bonn, 46 S.

Haeckel, E. H. P. A., 1898: Über unsere gegenwärtige Kenntnis vom Ursprung des Menschen. Bonn, 53 S.

Haeckel, E. H. P. A., 1899–1904: Kunstformen der Natur. Leipzig-Wien, 279 S.

Haeckel, E. H. P. A., 1900: Die Welträthsel. Gemeinverständliche Studien über Monistische Philosophie. Bonn, 473 S.

Haeckel, E. H. P. A., 1904: Die Lebenswunder. Gemeinverständliche Studien über Biologische Philosophie. Stuttgart, 567 S.

Haeckel, E. H. P. A., 1905: Ueber unsere gegenwärtige Kenntnis über den Ursprung des Menschen. Stuttgart, 53 S.

Haeckel, E. H. P. A., 1907: Das Menschen-Problem und die Herrenthiere von Linné. Frankfurt, 64 S.

Haeckel, E. H. P. A., 1913: Die Natur als Künstlerin. Berlin, 114 S.

Haeckel, E. H. P. A., 1917: Kristallseelen. Studien über das anorganische Leben. Leipzig, 152 S.

IWAN PETROWITSCH PAWLOW

(26.9.1849–27.2.1936)

Mit seinen grundlegenden Arbeiten zur Verhaltensforschung und vor allem zum Verständnis des Lernens hat er sich bleibenden Ruhm erworben. Seine Versuche mit Hunden haben Eingang in jedes Schulbuch gefunden, der *Pawlow'sche Hund* ist dabei zu einem festen Begriff geworden. Pawlow führte die Dressur (Konditionierung) als Methode in die Verhaltensphysiologie ein und entdeckte, dass es oftmals Reflexe sind, die das Verhalten von Tieren bestimmen. Vor allem die an einen vorangegangenen Lernprozess gekoppelten Reflexe, von Pawlow als *bedingte Reflexe* bezeichnet, spielen auch im menschlichen Leben eine so große Rolle, dass die Kenntnis der Zusammenhänge in der politischen Praxis gezielt angewendet wird. Für seine wissenschaftliche Leistung hat Pawlow zahlreiche internationale Ehrungen erfahren, allen voran den Nobelpreis für Physiologie oder Medizin im Jahr 1904.

Iwan Petrowitsch Pawlow wurde, umgerechnet auf den heute geltenden Gregorianischen Kalender, der in Russland erst im Februar 1918 eingeführt worden ist (Differenz ca. 13 Tage), am 26. September 1849 als erstes von sieben Brüdern und zwei Schwestern in Rjasan bei Moskau geboren. Der Vater war ein russisch-orthodoxer Geistlicher. Auch Sohn Iwan sollte Priester werden und besuchte das Priesterseminar von Rjasan. Doch schon 1870 verließ er Rjasan, um gegen den Willen seiner Eltern in St. Petersburg (Leningrad) Tierphysiologie mit Chemie als Nebenfach und ab 1875 ergänzend Medizin zu studieren. Dort fiel Pawlow nicht nur durch schlechte Kleidung auf, er wurde zudem als aufbrausend, rechthaberisch und ziellos beschrieben. 1876 wurde er Mitarbeiter der dortigen Militärmedizinischen Akademie und fuhr ein Jahr später erstmals nach Deutschland, wo er Prof. Heinrich Heidenhain (1834–1897) in Breslau aufsuchte. Mit seinen wissenschaftlichen Arbeiten hatte er sich bereits einen Namen gemacht. 1875 wurde er von der Universität St. Petersburg für seine Arbeiten an der Bauchspeicheldrüse des Hundes mit der Goldmedaille geehrt, 1881 erhielt er die Goldmedaille für seine Untersuchungen an Blutkreislauf und Verdauung.

Er lernte die Pädagogikstudentin Serafima Wassiljewna kennen, sie heirateten 1881. Ihr erster Sohn, 1883 geboren, starb noch als Säugling, der zweite Sohn, Wladimir (1884–1952) kam ein Jahr später auf die Welt.

Mit einer Untersuchung der Nerven des Hundeherzens wurde Pawlow Ende 1883 promoviert. Im darauffolgenden Jahr wurde er zum Privatdozenten ernannt. Er reiste für zwei Jahre, von 1884 bis 1886, nach Deutschland und arbeitete unter anderem bei Prof. Carl Ludwig (1816–1895) in Leipzig. 1890 erhielt er den Lehrstuhl für Pharmakologie und 1895 den für Physiologie der Militärmedizinischen Akademie zu St. Petersburg. Von hier begleitete er den 1891 begonnenen Aufbau des Instituts für experimentelle Medizin in St. Petersburg. Er gründete 1895 eine eigene Abteilung für Psychologie. Hier fanden seine bahnbrechenden Versuche zur Physiologie der Verdauung statt. Seine Hunde lernten, dass sie immer dann Futter bekamen, wenn eine Glocke ertönte. Nach einiger Zeit verbanden die Hunde den Ton der Glocke mit dem Futter und reagierten mit vermehrter Speichelbildung, sobald sie die Glocke hörten. Der eigentlich belanglose Glockenton allein genügte alsbald, um bei den Hunden eine unbewusste, physiologische Reaktion auszulösen. Pawlow nannte dies den *bedingten Reflex*. Ein Reflex, der ohne vorherige Konditionierung ausgelöst werden kann, wie beispielsweise das Nachvornereißen der Arme, um einen drohenden Sturz abzufangen, grenzte er als *unbedingten Reflex* davon ab. Diese Beobachtungen veröffentlichte er 1897 und fand weltweite Beachtung. Zwei englische Physiologen, William M. Bayliss (1860–1924) und Ernest H. Starling (1866–1927), konnten mit ihren Arbeiten fünf Jahre später die Pawlow'schen Ergebnisse bestätigen und präzisieren. Der Auftritt auf dem Medizinischen Kongress 1903 in Madrid, wo er seine Forschungsarbeiten erneut vorstellte, wurde zu einem einzigen Triumph. Ein Jahr später erfolgte die ehrenhafte Krönung seiner wissenschaftlichen Leistung durch die Verleihung des Nobelpreises für Physiologie oder Medizin. Im Jahr 1907 wurde er als Mitglied in die *Russische Akademie der Wissenschaften* aufgenommen und zum Mitglied der *British Royal Society* gewählt. Er erhielt die Ehrendoktorwürde der Cambridge University (1912) und wurde *Ritter der Ehrenlegion* (1915).

Pawlows Erkenntnisse lassen sich auch auf das Verhalten des Menschen übertragen. Es ist nicht verwunderlich, dass sich schon bald die sowjetische Politik für die Arbeiten interessierte, bot sich ihr doch hier die Chance, die Methoden der politischen Umschulung theoretisch zu untermauern und erfolgsorientiert zu verfeinern. Deshalb fand Pawlow nach dem Zusammenbruch des Zarenreiches weitreichende Unterstützung. Er wurde trotz anfänglicher Opposition zum Held der Revolution und seine Erforschung der Reflexe zu einem Pfeiler der mechanistischen und materialistischen Weltanschauung der neuen sowjetischen Machthaber. Mit dem Beschluss des Rates der Volkskommissare vom 21. Januar 1924, von Lenin selbst unterschrieben, erhielt er bestmögliche Arbeitsbedingungen. Er konnte seine Laboratorien erweitern und neue Mitarbeiter einstellen. Auch privat wurde er besser gestellt, indem seine Lebensmittelration verdoppelt wurde und er seine Wohnung lebenslang allein mit seiner Familie bewohnen durfte.

Die Erkenntnisse Pawlows sind derart grundlegend, dass letztlich alle modernen Lerntheorien darauf aufbauen. In der praktischen Anwendung bestimmen sie nicht nur die Arbeitsinhalte der Pädagogen und Psychotherapeuten mit, sondern auch die der Werbefachleute, die bestimmte Produkte gezielt mit positiven Reizen zu verknüpfen suchen.

Bis zu seinem 86. Lebensjahr arbeitete Pawlow in seinem Institut. Kurz vor seinem Tod am 27. Februar 1936 richtete er einen glühenden Appell an die kommenden Generationen: „Denkt daran, dass die Wissenschaft vom Menschen das ganze Leben verlangt, und hättet ihr zwei Leben, sie würden nicht ausreichen. Seid leidenschaftlich in eurer Arbeit und in euren Forschungen. Lernt, sammelt Tatsachen, häuft Tatsachen an. Die Tatsachen sind die Luft des Gelehrten; ohne sie kein Aufstieg, ohne sie bleiben eure ‚Theorien' leere Bemühungen."

WERKE

Pawlow, I. P., 1898: Die Arbeit der Verdauungsdrüsen. Autorisierte Übersetzung aus dem Russischen von Dr. A. Walther. Wiesbaden, 199 S.

Pawlow, I. P., 1926: Die höchste Nerventätigkeit (d. Verhaltens) von Tieren. Eine 20-jährige Prüfung der objektiven Forschung. Bedingte Reflexe. Sammlung von Artikeln, Berichten, Vorlesungen und Reden. München, 330 S.

Pawlow, I. P., 1927: Conditioned Reflexes: An Investigation of the Physiological Activity of the Cerebral Cortex. New York, 318 S.

Pawlow, I. P., 1935: The conditioned Reflex. Setchenov J. Physiol. UdSSR 19: 1–299.

Pawlow, I. P., 1953–56: Sämtliche Werke. Bd. 1: Oeffentliche Erklärungen und Ansprachen. 465 S. Bd. 2: Aufsätze zu Fragen der Verdauungsphysiologie (1877–1896). Vorlesungen über die Arbeit der Hauptverdauungsdrüsen. Aufsätze zu Fragen der Verdauungsphysiologie (1897–1911). 696 S. Bd. 3: Zwanzigjährige Erfahrungen mit dem objektiven Studium der höheren Nerventätigkeit der Tiere. 670 S. Bd. 4: Vorlesungen über die Arbeit der Grosshirnhemisphären. 395 S. Bd. 5: Vorlesungen über Physiologie. 452 S. Bd. 6: Aufsätze über verschiedene Fragen der Physiologie, Ausführungen in Disputen und Diskussionen, Reden und Vorworte. 383 S. Berlin, 6 Bde., ca. 3.060 S.

Pawlow, I. P., 1955: Ausgewählte Werke. Berlin, 513 S.

CARL JOSEPH SCHROETER

(19.12.1855–7.2.1939)

Der in Deutschland geborene und in der Schweiz lehrende Botaniker und Ökologe gilt als einer der Begründer der Geobotanik und als Pionier des Naturschutzes.

Carl Joseph kam am 19. Dezember 1855 im schwäbischen Esslingen am Neckar zur Welt und besuchte zunächst die Schule im nahen Stuttgart. Während seiner Schulzeit zog die Familie nach Zürich, da der Vater Moritz Julius Schroeter als Professor an das Polytechnikum in Zürich berufen worden war. Als sein Vater 1867 starb, musste die Mutter allein für die Kinder sorgen. Die deutsche Familie erhielt 1868 die schweizerischen Bürgerrechte. Nach Abschluss der Schule begann Schroeter 1874 mit dem Studium der Naturwissenschaften in Zürich. Zwei Jahre später hatte er sein Fachlehrerdiplom in der Tasche und habilitierte sich weitere zwei Jahre darauf für das Fach Botanik. Er wurde Mitarbeiter von Carl Kramer an der ETH Zürich und 1883 selbst zum Professor für Botanik ernannt.

Zu seinen bekanntesten Schülern zählt Josias Braun-Blanquet (1884–1980), der sich autodidaktisch in Botanik einarbeitete und später in Montpellier die Grundlagen für die Pflanzensoziologie legte. Zusammen mit anderen bekannten Botanikern beschäftigte sich Schroeter mit der Alpenflora und der landwirtschaftlichen Nutzung der Alpen. Sein bekanntestes Werk, *Das Pflanzenleben der Alpen*, erschien erstmals 1906. Darin behandelt er die alpine Pflanzenwelt in ihrer Beziehung zum Standort und zur Tierwelt. Vor allem die blütenökologischen Untersuchungen nehmen einen breiten Raum ein. Noch heute werden die von ihm 1902 geprägten Begriffe *Autökologie* und *Synökologie* in der Wissenschaft verwendet.

Schroeters Arbeiten stützen sich auf ein umfassendes ökologisches Wissen, das er sich auf seinen zahlreichen Reisen in alle Welt erworben hatte. Zwischen 1888 und 1889 bereiste er die USA, die Pazifische Inselgruppe Hawaii und mehrere Länder in Südostasien. Er studierte 1902 die Flora der Kanarischen Inseln und unternahm 1910 eine Studienreise, die ihn von Nord- bis nach Südafrika führte.

Schroeter war kein theoretischer Wissenschaftler, der in seinem Elfenbeinturm forschte und arbeitete. Immer galt sein Interesse mehr der praktischen Anwendung seiner Erkenntnisse. Er machte sein Wissen für die Landwirtschaft nutzbar und sorgte als Mitgründer und Präsident der Volkshochschule Zürich dafür, dass auch die interessierte Öffentlichkeit daran teilhaben konnte. Als Pionier des Natur- und Landschaftsschutzes förderte er die Gründung des Nationalparks Val Scarl in Graubünden und befasste sich intensiv mit der Schützwürdigkeit der Schweizer Moore. Ab 1906 war er Mitglied der Schweizer Naturschutzkommission und fungierte von 1919 bis 1924 als deren Präsident. Carl Schroeter starb am 7. Februar 1939 im Alter von 83 Jahren in Zürich.

Die Landwirtschaftliche Hochschule Bonn-Poppelsdorf und die Universitäten von Amsterdam, Genf, Bern, München und Cambridge verliehen ihm die Ehrendoktorwürde. Außerdem war er Mitglied und Ehrenmitglied zahlreicher wissenschaftlicher Gesellschaften in der ganzen Welt.

WERKE

Schroeter, C. J., 1889: Taschenflora des Alpen-Wanderers. Zürich, 40 S.

Schroeter, C. J. & Kirchner, O., 1896: Die Vegetation des Bodensees. Lindau, 208 S.

Früh, J. J. & Schroeter, C. J., 1904: Die Moore der Schweiz. Bern, 751 S.

Kirchner, O., Loew, E. & Schroeter, C. J., 1906: Lebensgeschichte der Blütenpflanzen Mitteleuropas: Spezielle Ökologie der Blütenpflanzen Deutschlands, Österreichs und der Schweiz. Stuttgart, 96 S.

Schroeter, C. J., 1908: Das Pflanzenleben der Alpen – Eine Schilderung der Hochgebirgsflora. Zürich, 806 S.

Ruebel, E. & Schroeter, C. J., 1923: Pflanzengeographischer Exkursionsführer für eine botanische Exkursion durch die Schweizer-Alpen: Zürich – Pilatus – Domleschg – Nationalpark – Berninagebiet – Puschlav – Tessin – Wallis – Berner Oberland. Zürich, 85 S.

Schroeter, C. J., 1932: Kleiner Führer durch die Pflanzenwelt der Alpen. Zürich, 80 S.

KARL FRIEDRICH THEODOR DAHL

(24.6.1856–29.6.1929)

Als Schüler von Karl Möbius führte er dessen Werk weiter. Er wandte als erster den von Möbius für marine Lebensgemeinschaften geprägten Begriff *Biozönose* auf die Erforschung von Landfaunen an. *Biotop* als wissenschaftlichen Fachbegriff für Lebensraum führte er in die Ökologie ein.

Friedrich Dahl wurde am 24. Juni 1856 an der Ostseeküste bei Dahme in Rosenhofer Brök als Sohn eines Landwirtes geboren. Er besuchte das Gymnasium in Eutin, machte dort sein Abitur und studierte Naturwissenschaften an den Universitäten von Leipzig, Freiburg, Berlin und schließlich Kiel. Hier wurde er 1884 mit einer Arbeit über Bau und Funktion der Insektenbeine promoviert. Drei Jahre später habilitierte er sich für das Fach Zoologie und wurde 1887 Privatdozent in Kiel. Forschungsreisen führten in das Baltikum und zum Bismarck-Archipel in Melanesien (heute zu Papua-Neuguinea gehörig).

1896 ging er zusammen mit seinem Lehrer Karl Möbius (1825–1908) nach Berlin und arbeitete am dortigen Museum als Kustos in der Spinnenabteilung. Zu seinen bekanntesten Werken gehört das Buch *Grundlagen einer ökologischen Tiergeographie*, das 1921 erschien. 1925 begann er mit der Herausgabe der *Tierwelt Deutschlands und der angrenzenden Meeresteile*. Die umfangreiche Reihe wurde später von seiner Frau Maria Dahl (1872–1972) fortgeführt. Friedrich Dahl starb am 29. Juni 1939 in Berlin-Dahlem.

WERKE

Dahl, K. F. Th., 1904: Kurze Anleitung zum wissenschaftlichen Sammeln und zum Conservieren von Thieren. Jena, 59 S.

Dahl, K. F. Th., 1916: Die Asseln oder Isopoden Deutschlands. Jena, 90 S.

Dahl, K. F. Th., 1921: Grundlagen einer ökologischen Tiergeographie. Jena, 113 S.

Dahl, K. F. Th., 1925: Tiergeographie. Wien, 98 S.

Dahl, K. F. Th., 1929: Anleitungen zu zoologischen Beobachtungen. Leipzig, 160 S.

Dahl, K. F. Th. (Hrsg.), ab 1925: Die Tierwelt Deutschlands und der angrenzenden Meeresteile. Jena.

JAKOB JOHANN BARON VON UEXKÜLL

(8.9.1864–25.7.1944)

Jacob von Uexküll gehört mit seinem enormen wissenschaftlichen Werk auf den Gebieten der experimentellen wie auch der theoretischen Biologie zu den bedeutendsten Biologen des 20. Jahrhunderts. Sein zentrales Thema war der lebende Organismus in der Beziehung zu seiner Umwelt. Aus ganz unterschiedlichen Blickwinkeln und mit einem entsprechend weiten Fächer an Methoden bewegte er sich in seinem Thema. Mit der Anzahl der Organismen, die er experimentell erkundete, wuchs sein theoretisches Verständnis. Schließlich schlug er eine Brücke zur Erkenntnistheorie und zur Philosophie.

Mit seinem umfassenden Forschungsansatz überwand er die Grenzen der konventionellen Biologie, eckte an, wurde oft missverstanden und entwickelte sich doch zum Vordenker und Begründer neuer Wissenschaftszweige in der Biologie, wie der vergleichenden Verhaltenslehre, der Biokybernetik und vor allem der Umweltwissenschaft. Drei Ehrendoktorwürden der Universitäten Heidelberg (1907), Kiel (1934) und Utrecht (1936) belegen die breite Anerkennung dieser herausragenden Forscherpersönlichkeit.

Jacob von Uexküll wurde am 8. September 1864 auf Gut Keblas in Estland geboren. Die Familie gehörte einem bedeutenden Adelsgeschlecht an. Nach dem Abitur an der Ritter- und Domschule in Reval schrieb er sich 1884 zum Studium der Zoologie an der Universität von Dorpat (heute Tartu) ein. 1890 wechselte er nach Heidelberg an das Institut von Prof. Wilhelm Kühne (1837–1900), wo er bis 1900 weiter studierte und forschte.

Dank seiner Abstammung war er finanziell unabhängig und konnte sich Forschungsaufenthalte an mehreren meeresbiologischen Instituten auch außerhalb Europas erlauben. Neapel, Daressalaam, Berck-sur-Mer, Monaco, Roscoff, Utrecht und Biarritz sind die Stationen, die er bis zum Beginn des Ersten Weltkrieges innerhalb von 24 Jahren aufsuchte. Die Stazione Zoologica in Neapel wurde dabei zu seiner für ihn wichtigsten Einrichtung, an der er die meisten seiner Forschungsarbeiten durchführte. Unweit davon, auf der vorgelagerten Insel Capri, erwarb er ein Landhaus.

Kurz nach der Jahrhundertwende, im Jahr 1903, heiratete er Gudrun Gräfin von Schwerin. Sein Sohn Thure (1908–2004) wurde ein bedeutender Mediziner, sein Enkel Jacob (*1944) stiftete den *Right Livelihood Award*, der auch als Alternativer Nobelpreis bekannt ist und einen Tag vor dem Nobelpreis ebenfalls in Stockholm verliehen wird.

Der Erste Weltkrieg bedeutete für Uexküll einen herben Einschnitt. Er verlor sein Vermögen und damit seine finanzielle Unabhängigkeit und musste ab 1914 bei Verwandten Unterkunft beziehen. Er arbeitete weiter und konnte schließlich 1925 an der Hamburger Universität in einem ausgedienten Kiosk am dortigen Aquarium als sogenannter Hilfswissenschaftler (entspricht in etwa dem Universitätsassistenten) ein bescheidenes Labor für Umweltforschung einrichten. Bald zog das Labor in die ehemalige Direktorenvilla um und durfte sich von nun an Institut für Umweltforschung nennen. Uexküll wurde zum Honorarprofessor und ersten Direktor des Instituts ernannt. Rasch entwickelte sich das neue Institut zu einem kreativen Zentrum für moderne Biologie. Viele Forscher, unter anderem auch der spätere Nobelpreisträger Konrad Lorenz, waren zu Gast. Nach kurzer Blütezeit unter der kraftvollen Leitung Uexkülls zeichnete sich für das Institut nach 1939 der allmähliche Abstieg in die Bedeutungslosigkeit ab, als Uexküll altersbedingt, er feierte in jenem Jahr immerhin schon seinen 75. Geburtstag, die Leitung „seines" Instituts an seinen langjährigen Assistenten Friedrich Brock abgab. 1959 wurde es Teil des Zoologischen Instituts und Museums und 1964 schließlich de facto aufgelöst, der Lehrstuhl für Umweltforschung nicht wieder besetzt.

Uexküll verbrachte die letzten Jahre seines Lebens weiterhin wissenschaftlich aktiv in seinem Landhaus auf Capri im Golf von Neapel. Er starb am 25. Juli 1944.

Zu den wichtigsten Leistungen Uexkülls gehört die Einführung des Umweltbegriffes. *Umwelt* ist als der Ausschnitt der Welt zu verstehen, den ein Organismus mit Hilfe seiner Sinnesorgane wahrnimmt. Jede Art besitzt demnach eine ganz spezifische Umwelt, bestehend aus der *Merkwelt* (der Ausschnitt, der von einer Art wahrgenommen wird) und der *Wirkwelt* (den für die Art möglichen Reaktionsweisen). Zeit und Raum werden von jeder Art unterschiedlich wahrgenommen und sind daher subjektive Größen. Eine Spinne ist nicht nur der Organismus selbst, sondern auch ihre Art, Beute zu machen und sich fortzupflanzen. Sie kann nur in der Beziehung zu ihrer Umwelt betrachtet und verstanden werden. Bis zu einem gewissen Grad klingt hier bereits der Begriff der *Ökologischen Nische* an. Berühmt ist das Beispiel der Zecke, das Uexküll zur Illustration anführte: Die Merkwelt der Zecke besteht aus der Unterscheidung von oben und unten und von warm und kalt sowie der Wahrnehmung von Buttersäure. Die Wirkwelt sind die darauf aufbauenden Verhaltensweisen, wie Hochklettern und Warten, bis sich ein vorbeistreifendes potenzielles Wirtstier durch den Geruch von Buttersäure verrät, dann Fallenlassen. Fühlt sich der Untergrund daraufhin warm an, war die Aktion erfolgreich. Die Zecke befindet sich auf dem Wirtstier und kann mit ihrer Blutmahlzeit beginnen. Uexküll verallgemeinerte das artspezifische Verhalten zu einer kybernetischen Kette aus zunächst vier linear verbundenen Einzelfunktionen: Der *Rezeptor* (bei der Zecke beispielsweise das

Geruchssinnesorgan) meldet die von ihm empfangene Information (Buttersäure) an das *Merkorgan* im Gehirn. Dieses leitet die Information an das ebenfalls im Gehirn lokalisierte *Wirkorgan* weiter, das nun seinerseits einen *Effektor* mit einer Aktion (sofort Fallenlassen) beauftragt. Später ergänzte Uexküll weitere Funktionselemente und entwickelte einen kybernetischen Funktionskreis: Der Effektor setzt am Objekt an, das drei weitere Elemente, nämlich ein *Wirkmal*, ein *Gegengefüge* und ein *Merkmal* besitzt. Damit schließt sich der Funktionskreis, denn nun stößt wiederum der Rezeptor mit seiner Meldung den nächsten Funktionskreis an.

Auch wenn hier die Forschungsergebnisse Uexkülls nur sehr vereinfacht, verkürzt und ausschnittsweise wiedergegeben wurden, wird dennoch deutlich, mit welcher Konsequenz er die unterschiedlichen Teilgebiete der Biologie verfolgte und zu einem sinnvollen Ganzen verband. Grundlage dabei war das verhaltensphysiologische Experiment. Es führte ihn in die Umweltlehre und in die vergleichende Verhaltenslehre. Daraus entwickelte er eine allgemeine Formel und wurde zum theoretischen Biologen und Begründer der Biokybernetik. Es war nur eine konsequente Weiterführung seiner experimentellen Studien, dass er die gewonnenen Erkenntnisse auch in die Praxis umsetzte, indem er die Ausbildung von Blindenhunden auf der Grundlage seines Umweltverständnisses neu strukturierte.

WERKE

Uexküll, J. Baron v., 1901: Phylogenie der Blütenformen und der Geschlechterverteilung bei den Compositen. Diss. Stuttgart, 80 S.

Uexküll, J. Baron v., 1909: Umwelt und Innenwelt der Tiere. Berlin, 259 S.

Uexküll, J. Baron v., 1913: Bausteine zu einer biologischen Weltanschauung. Gesammelte Aufsätze. München, 298 S.

Uexküll, J. Baron v., 1920: Briefe an eine Dame. Berlin, 130 S.

Uexküll, J. Baron v., 1928: Theoretische Biologie. Berlin, 253 S.

Uexküll, J. Baron v., 1928: Natur und Leben. München, 187 S.

Uexküll, J. Baron v., 1928: Theoretische Biologie. Berlin, 253 S.

Uexküll, J. Baron v., 1930: Die Lebenslehre. Potsdam, 163 S.

Uexküll, J. Baron v. & Kriszat, G., 1934: Streifzüge durch die Umwelten von Tieren und Menschen, ein Bilderbuch unsichtbarer Welten. Berlin, 101 S.

Uexküll, J. Baron v., 1940: Bedeutungslehre. Leipzig, 62 S.

CARL ERICH FRANZ JOSEPH CORRENS

(19.9.1864–14.2.1933)

Etwa zur selben Zeit und unabhängig voneinander entdeckten die Biologen Hugo de Vries in Amsterdam, Erich Tschermak Edler von Seysenegg in Wien und Carl Erich Franz Joseph Correns in Tübingen die von Gregor Mendel 30 Jahre zuvor erstmals formulierten Gesetzmäßigkeiten zur Vererbung wieder, bestätigten diese in eigenen Kreuzungsexperimenten und erweiterten sie durch eigene Forschungen. Correns prägte den Begriff *Mendel'sche Regeln*, der heute allgemein verwendet wird. Zusammen mit zwei Berliner Kollegen initiierte er später die Gründung der *Deutschen Gesellschaft für Vererbungswissenschaft* und wurde zum Vorsitzenden der 1. Jahrestagung der Gesellschaft gewählt. Correns gilt als einer der Begründer der modernen Vererbungslehre.

Geburtsort von Carl Correns ist die Stadt München. Dort wurde er als Sohn eines Kunstmalers am 19. September 1864 geboren. Schon früh verlor er seine Eltern und wuchs als Vollwaise in St. Gallen auf, wo er auch die Schulbank drückte. Nach dem Schulabschluss kehrte er nach München zurück, um Botanik, Chemie und Physik zu studieren. Zweimal wechselte er die Universität und wurde schließlich 1889 in Hamburg promoviert. Danach konnte er als Assistent am Botanischen Institut der Universität Graz und an den Universitäten von Berlin und Leipzig arbeiten, bis er drei Jahre nach seiner Promotion zum Privatdozenten für Botanik in Tübingen ernannt wurde. Im dortigen botanischen Garten, dessen Tradition bis ins 16. Jahrhundert zurückreichte, begann er 1894 mit seinen Kreuzungsversuchen an Erbsen, Bohnen und Maispflanzen. Sie führten zur Wiederentdeckung der Mendel'schen Arbeiten. Zusammen mit seinem niederländischen Kollegen de Vries (1848–1935) und dem Österreicher Erich Tschermak (1871–1962) entriss er 1900 die grundlegenden Erkenntnisse von Gregor Mendel dem Dunkel der Geschichte. Seine eigenen Versuchsreihen zeigten, dass nicht alle Merkmale unabhängig voneinander vererbt, sondern immer gemeinsam weitergegeben werden. Er konnte schließlich die chromosomale Geschlechtsbestimmung bei Pflanzen experimentell nachweisen.

Der weitere Weg führte ihn zunächst wieder an die Universität von Leipzig, wo er 1902 zum außerordentlichen Professor berufen wurde und bis 1909 arbeitete. Zwischen 1909 und 1914 leitete er als Ordinarius für Botanik der Universität Münster den Botanischen Garten der Universität und wurde 1914 zum ersten Direktor des renommierten Kaiser-Wilhelm-Instituts für Biologie in Berlin-Dahlem.

Wie sehr die Politik immer wieder die wissenschaftliche Forschung beeinflussen kann, wurde sowohl in der Zeit vor dem Ersten Weltkrieg als auch nach 1933 deutlich. Schon der 4. Internationale Kongress über Vererbungsfragen im Jahr 1911 litt unter der großen Spannung der Vorkriegszeit. Obwohl sich alle Teilnehmer durch regelmäßige Treffen und den Austausch der Schriften bestens kannten, konnte der Kongress nur mit Mühe ohne Eklat zu Ende geführt werden. Das in Deutschland für 1916 geplante, nächste internationale Zusammentreffen konnte bereits wegen des Krieges nicht mehr stattfinden. Auch nach 1918 scheiterten als Folge des Krieges alle Versuche, wieder einen internationalen Genetikerkongress zu organisieren. In Deutschland entschlossen sich daher Wissenschaftler gemeinam mit Carl Correns, der inzwischen in Berlin lehrte, zu einem nationalen Alleingang. Die *Deutsche Gesellschaft für Vererbungswissenschaften* wurde am 25. November 1920 gegründet. Zum Vorsitzenden der 1. Jahrestagung wurde Carl Correns gewählt.

Sechs Jahre später, 1926, erfolgte, unter anderem wieder auf Initiative von Carl Correns, die Gründung des *Kaiser-Wilhelm-Institutes für Anthropologie, menschliche Erblehre und Eugenik* in Berlin-Dahlem, das 1927 seine Arbeit aufnahm. Das Institut wollte sich bewusst von „politischen Eiferern und Dilettanten in der Rassenhygiene-Bewegung" absetzen, geriet aber nach 1933 völlig in die Abhängigkeit der nationalsozialistischen Ideologie.

Carl Correns, dem vorgeworfen wird, mit seinem Einsatz für die Gründung dieses Instituts der Ideologie der Nationalsozialisten zugearbeitet zu haben, erlebte die problematische Entwicklung dieser Einrichtung nicht mehr. Er starb am 14. Februar 1933.

Sein Sohn Carl Wilhelm Correns, am 19. Mai 1893 in Tübingen geboren, wurde ein bekannter Mineraloge und Geochemiker.

WERKE

Correns C. E. F. J., 1912: Die neuen Vererbungsgesetze. Berlin, 75 S.

Correns C. E. F. J., 1924: Gregor Mendels Briefe an Carl Nägeli 1866–1873. Abh. d. K. S. Ges. d. Wissensch. Math-phys. Klasse, Leipzig 29: 80 S.

Correns C. E. F. J., 1928: Bestimmung, Vererbung und Verteilung des Geschlechtes bei den höheren Pflanzen. Berlin, 150 S.

Correns C. E. F. J., 1937: Nicht mendelnde Vererbung. In: Handbuch der Vererbungswissenschaft Bd. II. Berlin, 159 S.

THOMAS HUNT MORGAN

(25.9.1866–4.12.1945)

Thomas Hunt Morgan bestimmte zusammen mit seinen beiden Mitarbeitern, Calvin Blackman Bridges (1889–1938) und Alfred Henry Sturtevant (1891–1970) für viele Jahrzehnte die Vererbungsforschung. Die *Morgan-Schule* befasste sich mit der Frage nach der Weitergabe der Erbinformation und konnte die Merkmalsträger, die Gene, auf den Chromosomen lokalisieren und erste sogenannte *Chromosomenkarten* erstellen. Dabei entdeckten die Wissenschaftler den geschlechtsgebundenen Erbgang, der das unregelmäßige Auftreten der Bluterkrankheit beim Menschen erklärt. Sie fanden heraus, dass sich Veränderungen von Struktur und Anzahl der Chromosomen auf die Gestalt auswirken. Die grundlegenden Entdeckungen gelangen an der Taufliege *Drosophila melanogaster*, die sich in vielerlei Hinsicht als Glücksfall für die Vererbungsforschung erwiesen hat. Für seine bahnbrechenden Untersuchungen erhielt Thomas H. Morgan im Jahre 1933 den Nobelpreis für Physiologie oder Medizin zuerkannt.

Thomas Hunt Morgan wurde am 25. September 1866 in Lexington, Kentucky geboren. Die Vorfahren der Familie Morgan waren Einwanderer walisischer Herkunft. Sein Vater vertrat die USA unter anderem als Konsul in Messina. Thomas Hunt wuchs auf der Farm seiner Eltern auf und entwickelte, wie viele andere bedeutende Biologen auch, schon im frühen Kindesalter ein Interesse für die Natur. Mit 16 Jahren besuchte er das Kentucky State College, wo er

vier Jahre später den *Bachelor of Science* erreichte. Es folgte ein kurzer
Aufenthalt an der Meeresbiologischen Station der *Boston Society of
Natural History* in Annisquam, Massachusetts, wo er erstmals selbst
meeresbiologische Untersuchungen vornehmen konnte. Noch im
Lauf desselben Jahres begann er an der John Hopkins University
in Baltimore mit dem Studium. Seine Dissertation behandelte die
Embryonalentwicklung von Asseln und Seespinnen.

1890 wurde er promoviert und verließ Baltimore, um am College
in Bryn Mawr in Philadelphia als *Associate professor* anzufangen.
Hier konnte er seine in Baltimore begonnenen Untersuchungen zur
Embryonalentwicklung fortführen und auf immer mehr Tierarten
ausdehnen. Wiederholt reiste er in dieser Zeit nach Neapel, um für
einige Zeit an der berühmten, 1875 eröffneten *Statione Zoologica*
zu arbeiten, die in ihrer kurzen Geschichte schon eine Reihe sehr
bekannter Forscher beherbergt hatte. Schließlich waren es über 50
Arten aus verschiedensten Tiergruppen, deren Keimesentwicklung
Morgan unter dem Mikroskop verfolgt hatte, darunter Seeigel,
Würmer, Krabben, Manteltiere und Insekten sowie verschiedene
Wirbeltiere wie Fische, Amphibien und Mäuse. Ihn interessierten
die Mechanismen, die diese Entwicklung steuern. Er suchte nach
Parallelen zwischen der embryonalen Neubildung und dem Nach-
wachsen (der Regeneration) verlorengegangener Gliedmaßen oder
Körperpartien bei fertig entwickelten Würmern, Krabben und
Fischen. Seine Arbeiten wurden in sieben europäische Sprachen
übersetzt.

Aber zu seinen Aufgaben in Philadelphia gehörte auch die
Ausbildung junger Lehrerinnen. Eine von ihnen war Lilian Sampson. 1904 wurde Morgan zum Ordinarius an die Columbia State
University in New York berufen. Lilian Sampson ging mit ihm, sie
heirateten kurz darauf. 1906 wurde ihr erstes Kind – ein Junge –
geboren, drei Mädchen folgten.

Der Besuch des holländischen Forscherkollegen Hugo de Vries
(1848–1835), Ordinarius für Botanik an der Universität von Amsterdam, bildete den Ausgangspunkt für seine weitere wissenschaftliche Forschungsarbeit. De Vries hatte um 1900 die in Vergessenheit
geratenen Mendel'schen Arbeiten zur Vererbung wieder publik
gemacht und sich in eigenen Untersuchungen mit der Variabilität
einer Nachtkerzenart (*Oenothera lamarckiana*) befasst. Das Ergebnis

war seine Mutationstheorie, die ihn über Europa hinaus bekannt gemacht hat. Morgan wollte vergleichbare Studien bei Insekten durchführen und begann nach einem geeigneten Versuchstier Ausschau zu halten. Er stieß auf die 1902 veröffentlichten Arbeiten von Theodor Boveri (1862–1915) und Walter S. Sutton (1877–1916) über die Folgen der Inzucht bei einer kleinen Fliege. Eine kurze Generationenfolge, hohe Nachkommenzahlen und problemlose Zucht auf kleinstem Raum mache sie zum idealen Untersuchungsobjekt für die Vererbungsforschung. Es ist die Taufliege *Drosophila melanogaster*. Jedes Jahr im Spätsommer schwirrt sie zu Hunderten um die Schalen mit reifem Obst. Morgan wollte prüfen, ob sich bei diesen Fliegen tatsächlich die Augen zurückbildeten, wenn man sie zeitlebens im Dunkeln hielt. Wie schon bei zuvor ergebnislos abgebrochenen Arbeiten mit Blattläusen wollte sich auch diesmal der erhoffte Erfolg nicht einstellen. Mutanten mit verkleinerten Augen traten auch nach Jahren intensiver Züchtung nicht auf. Beinahe hätte sich Morgan wieder von diesem Thema abgewandt, als ihm der Zufall in Gestalt eines Stipendiaten zu Hilfe kam. Calvin Blackman Bridges war an diesem Tag mit dem Spülen der Zuchtgläser dran. Er hatte scharfe Augen und entdeckte in einem der Gläser unter Dutzenden von Fliegen ein Tier mit einer wenig auffälligen, aber doch erkennbar veränderten Augenfarbe. Sie war bei der routinemäßigen Durchsicht der letzten Nachzuchten offensichtlich übersehen worden. Diese zufällige Entdeckung bedeutete nach Jahren vergeblichen Suchens endlich den Durchbruch für Morgan. Seine Beharrlichkeit zahlte sich schließlich doch aus. In der Folgezeit wurden vereinzelt weitere Mutanten entdeckt. Im Durchschnitt war es eine pro 10.000 Individuen. Sie hatten unterschiedlich hell gefärbte Augen oder wiesen mehr oder weniger verkleinerte Flügel auf. Bridges, der Entdecker der ersten Mutante, wurde 1912 als Privatassistent bei Morgan angestellt.

Mit Alfred Henry Sturtevant stieß der zweite bedeutende Mitarbeiter zur Arbeitsgruppe. Die räumlichen Verhältnisse waren anfangs sehr begrenzt. Ganze 35 m^2 standen zur Verfügung. Bis zu acht Mitarbeiter arbeiteten in dem Raum, zeitweise zusätzlich der eine oder andere Gastforscher. Außerdem musste der legendäre *Flyroom* auch die gesamten Fliegenkulturen beherbergen. Erst ab 1915 besserte sich die Situation, als die Carnegie-Stiftung Forschungsgelder bereitstellte. Die bisherigen Ergebnisse der Forschungen auf diesem Gebiet wurden 1919 in dem Buch *The Physical Basis of Heredity* zusammenfassend dargestellt. Die deutsche Ausgabe erschien 1921 unter dem Titel *Die stoffliche Grundlage der Vererbung*.

Morgan verließ 1928 mit seiner erfolgreichen Arbeitsgruppe New York. Er hatte einen Ruf des California Institute of Technology (Caltech) in Pasadena, Kalifornien angenommen. Morgan war nun Direktor der Kerckhoff Laboratories of Biology. Er gründete bei Newport eine neue meeresbiologische Station. Ab 1927 war er zudem Präsident der *National Academy of Science*.

Nach einem schweren Autounfall im Jahr 1931 zog sich der fast 65-jährige Morgan mehr und mehr aus der aktuellen Forschung zurück und überließ seinen beiden langjährigen Mitarbeitern Bridges und Sturtevant weitgehend das Feld. Er widmete sich seinen repräsentativen Verpflichtungen, die dieser inzwischen berühmten Forscherpersönlichkeit auch zunehmend weniger Freiraum gaben. Für seine bahnbrechenden Entdeckungen auf dem Gebiet der Genetik wurde Morgan 1933 als erster Biologe überhaupt mit den höchsten wissenschaftlichen Weihen bedacht, dem Nobelpreis für Physiologie oder Medizin. Die mit dem Nobelpreis verbundene Dotation teilte er mit seinen beiden engsten Mitarbeitern.

Mit 75 Jahren ließ sich Morgan in den Ruhestand versetzen. Am 4. Dezember 1945 starb der große Genetiker an den Folgen seines Magengeschwürs.

Morgan wurde als humorvoller Mensch geschildert, der eine geistreiche Witzelei niemals übel nahm. In seiner Arbeitsgruppe wirkte „der Boss", wie er sich liebevoll ironisch nennen ließ, als Gleicher unter Gleichen. Viele Entscheidungen wurden im Team besprochen. Als Wissenschaftler wusste er immer zwischen Glauben und Wissen zu unterscheiden und stand allem Metaphysischen kritisch gegenüber.

WERKE

Morgan, Th. H., 1897: The Development of the Frog's Egg, an Introduction to Experimental Embryology. New York, 206 S.

Morgan, Th. H., 1909: Experimentelle Zoologie. Leipzig, Berlin, 570 S.

Morgan, Th. H., 1912: Eight factors that show Sex-Linked Inheritance in Drosophila. Science 35/899, 472–474.

Morgan, Th. H., 1917: The theory of the gene. Amer. Naturalist 51: 513–544.

Morgan, Th. H., 1919: Critique of the Theory of Evolution. Princeton, 84 S.

Morgan, Th. H., 1919: The Physical Basis of Heredity. Philadelphia, 305 S.

Morgan, Th. H., 1925: Evolution and Genetics. Princeton, 201 S.

Morgan, Th. H., 1926: The Theory of the Gene. New York, 358 S.

Morgan, Th. H., 1927: Experimental Embryology. New York, 766 S.

Morgan, Th. H., 1934: Embryology and Genetics. New York, 129 S.

Morgan, Th. H., 1935: The Scientific Basis of Evolution. New York, 286 S.

Morgan, Th. H., 1938: Human Heredity and Modern Genetics. J. Franklin Inst. 226: 373–381.

Morgan, Th. H., 1941: Embryology and Genetics. New York, 258 S.

August Friedrich Thienemann

(7.9.1882–22.4.1960)

Der Name dieses Ökologen und Zoologen steht für die Entwicklung der Limnologie zu einer eigenständigen Fachrichtung innerhalb der Biologie. Mit seinen grundlegenden Arbeiten zur Gewässerökologie gab er der Limnologie die entscheidenden Impulse.

Als Sohn eines Buchhändlers wurde August Thienemann am 7. September in Gotha geboren. Am erwürdigen Ernestinum in Gotha, mit dem Gründungsjahr 1524 eines der ältesten Gymnasien in Deutschland, bestand er 1901 sein Abitur. Bereits zum Sommersemester schrieb er sich an der Moritz-Arndt-Universität in Greifswald ein. Er studierte Naturwissenschaften und Philosophie. Seine erste wissenschaftliche Publikation erschien im Jahr 1903 und beschreibt das Gleichgewichtsorgan einer Assel. Für drei Semester zog es ihn nun an andere Universitäten. Im Sommersemester 1903 studierte er in Innsbruck, danach folgten zwei Semester in Heidelberg, wo er 1905 mit einer Dissertation über die Puppe der Köcherfliegen promoviert wurde. Zum Wintersemester 1904/05 kehrte er nach Greifswald zurück und wurde Assistent am dortigen Zoologischen Institut.

Von 1907 bis 1917 arbeitete er am Zoologischen Institut der Wilhelms-Universität in Münster, Westfalen. Er wurde zum Leiter der von ihm selbst gegründeten *Abteilung für Fischerei- und Abwasserfragen*. Die *Münster'sche Dekade* bedeutete den Beginn der modernen Limnologie. In diesen Jahren begann Thienemann seine ökologischen Untersuchungen an verschiedenen Eifelmaaren. Er erfasste chemische und physikalische Kenngrößen und machte sich ein genaues Bild von der Tierwelt der Seen. Es gelang ihm, einen kausalen Zusammenhang zwischen der Wasserbeschaffenheit der Maare und ihrer Besiedlung durch Insektenlarven herzustellen. Bald konnte er zwei Grundtypen unterscheiden. Dank dieser Forschungsarbeiten, die ihm in kurzer Zeit zu großer internationaler Bekanntheit verhalfen, wurde er 1915 in Münster zum Professor ernannt. Am 6. Dezember 1916 wurde ihm die Schriftleitung der Zeitschrift *Archiv für Hydrobiologie* übertragen. Mehr als 60.000 Druckseiten eingesandter Manuskripte redigierte er in den nächsten fast 40 Jahren als Herausgeber.

Um die Allgemeingültigkeit seiner in der Eifel gewonnenen Erkenntnisse zu beweisen, begann er eine groß angelegte vergleichende Studie an einer Vielzahl weiterer Seen. Zur gleichen Zeit kam ein Schwede, Einar Naumann, zu ganz ähnlichen Ergebnissen. Aus der gemeinsamen Datengrundlage heraus entwickelte Thienemann bis 1921 die klassische Lehre der ökologischen Seentypen, in der die heute gebräuchlichen Begriffe wie *eutroph* (= nährstoffreich) und *oligotroph* (= nährstoffarm) erstmals definiert werden. Dieser Geniestreich der ökologischen Forschung markiert den Einstieg in eine neue ökologische Disziplin, die Limnologie. Die Eutrophierung der Gewässer wurde angesichts zunehmender Gewässerverschmutzung durch Dünger, Waschmittel und industrielle Abwässer in den 1970er Jahren ein häufig verwendeter Begriff aus der Thienemann'schen Seentypologie.

Schon ein Jahr nach Erscheinen dieser grundlegenden Arbeit wurde die *Internationale Vereinigung für theoretische und angewandte Limnologie* gegründet, Thienemann wurde ihr erster Präsident und später Ehrenpräsident auf Lebenszeit.

Ab 1915 lehrte und forschte Thienemann als Professor für Zoologie an der Universität Kiel und wurde am 1. Juli 1917 erster Direktor der neuen Hydrobiologischen Anstalt in Plön, die aus der 1891 gegründeten Biologischen Station zu Plön hervorgegangen war. Unter seiner Leitung erreichte sie internationale Bedeutung.

Zwischen 1928 und 1929 hielt er sich im Rahmen der Deutschen Limnologischen Sunda-Expedition ein Jahr in Java und Sumatra auf, um seine gewässerökologischen Untersuchungen in tropischen Binnengewässern fortzusetzen. Seine Enkelin Lena Bosch hat die Stationen dieser Reise anlässlich eines Symposiums in Münster 2006 nachgezeichnet.

Nach einem arbeitsreichen Forscherleben starb August Thienemann am 22. April 1960 im Alter von 77 Jahren in Plön. Seit 1984 erinnert eine Gedenktafel in der Eifel an die gewässerbiologischen Arbeiten Thienemanns.

Thienemann hat zahlreiche höchste Ehrungen erfahren. Er war Mitglied der *Deutschen Akademie der Naturforscher Leopoldina*, Ehrenmitglied der russischen *Gesellschaft zur Erforschung des Wassers* und der *Royal Irish Academy*. Er war Träger der *Fabricius-Medaille* der *Deutschen Entomologischen Gesellschaft* und Ehrendoktor der Humboldt-Universität zu Berlin. Das ehemalige Forschungsschiff des Institutes für Seenforschung in Langenargen am Bodensee trug seinen Namen.

Thienemann publizierte etwa 500 Arbeiten, darunter zahlreiche Lehrbücher.

WERKE

Thienemann, A. F., 1912: Der Bergbach des Sauerlandes. Faunistisch-biologische Untersuchungen. Int. Rev. Ges. Hydrobiol. Biol. Suppl. 4: 1–125.

Thienemann, A. F., 1915: Die Chironomidenfauna der Eifelmaare. Verh. Naturhist. Ver. Preuß. Rheinlande u. Westfalens 72: 1–58.

Thienemann, A. F., 1925: Die Binnengewässer Mitteleuropas. Eine limnologische Einführung. Die Binnengewässer 1: 1–25.

Thienemann, A. F., 1926: Das Leben im Süßwasser. Breslau, 108 S.

Thienemann, A. F., 1927: Forschungsreisen und das System der Biologie. Zool. Anz. 73: 245–253.

Thienemann, A. F., 1928: Der Sauerstoff im eutrophen und oligotrophen See. Ein Beitrag zur Seetypenlehre. Stuttgart, 157 S.

Thienemann, A. F., 1931: Der Produktionsbegriff in der Biologie. Archiv Hydrobiol. 22: 616–622.

Thienemann, A. F., 1939: Grundzüge einer allgemeinen Ökologie. Archiv Hydrobiol. 35: 267–285.

Thienemann, A. F., 1941: Leben und Umwelt. Leipzig, 122 S.

Thienemann, A. F., 1951: Vom Gebrauch und vom Mißbrauch der Gewässer in einem Kulturlande. Archiv Hydrobiol. 45: 557–583.

Thienemann, A. F., 1955: Die Binnengewässer in Natur und Kultur. Eine Einführung in die theoretische und angewandte Limnologie. Berlin, 156 S.

Thienemann, A. F., 1954: Chironomus: Leben, Verbreitung und wirtschaftliche Bedeutung der Chironomiden. Stuttgart, 834 S.

Thienemann, A. F., 1956: Leben und Umwelt: Vom Gesamthaushalt der Natur. Hamburg, 153 S.

OTTO HEINRICH WARBURG

(8.10.1883–1.8.1970)

Viele Persönlichkeiten der Familie Warburg erlangten in der Wissenschaft oder in der Geschäftswelt große Bedeutung. Der Biologe, Physiologe und Mediziner Otto Heinrich Warburg schrieb in dieser notablen Familienchronik ein weiteres bedeutsames Kapitel. Von Anfang an zog es ihn zu den bedeutendsten Wissenschaftlern seiner Zeit. Mit Emil Fischer (Nobelpreis 1902), Paul Ehrlich (Nobelpreis 1908), Albrecht Kosel (Nobelpreis 1910) und Otto Meyerhof (Nobelpreis 1922) hatte er bereits als Student engen Kontakt zu höchstdotierten Wissenschaftlern. Jm 1931 wird er selbst zum Träger dieses angesehensten Wissenschaftspreises. Seine herausragenden Leistungen liegen auf dem Gebiet der Stoffwechselphysiologie, wo ihm grundlegend neue Entdeckungen gelangen. Es zeichnet ihn zudem aus, dass er die Apparaturen und Untersuchungstechniken selbst entwickelte und verfeinerte.

Otto Heinrich wurde als zweites Kind der Familie am 8. Oktober 1883 in Freiburg im Breisgau geboren. Neben der älteren hatte er noch zwei jüngere Schwestern. Er ging zunächst in Freiburg zur Schule. Als der Vater, ein angesehener Physiker, einen Ruf nach Berlin annahm, musste Otto Heinrich die Schule wechseln. Nach dem Abitur 1901 in Berlin kehrte er sogleich nach Freiburg zurück, um dort Naturwissenschaften zu studieren. Als er erfuhr, dass der

Berliner Chemiker Emil Fischer (1852–1919) den Nobelpreis für Chemie erhalten hatte, wechselte der Student im dritten Semester nach Berlin, um sein Studium bei dem frisch geehrten Nobelpreisträger fortzusetzen. Die Zusammenarbeit zwischen Emil Fischer und seinem Schüler Warburg war von gegenseitiger Wertschätzung geprägt. Als besonders wertvoll erwies sich für Warburg die gründliche theoretische und praktische Unterrichtung auf dem Gebiet der Chemie der Eiweiße.

Mit der Promotion im März 1906 beendete Warburg seine Zeit in Berlin, um sein kurz zuvor an der Berliner Charité begonnenes Zweitstudium der Medizin in München fortzusetzen. Doch hier hielt es ihn nur zwei Semester. Es zog ihn nun an die aufstrebende medizinische Fakultät in Heidelberg, wo der Physiologe Albrecht Kossel (1853–1927) gerade mit bahnbrechenden Veröffentlichungen auf dem Gebiet der Zellchemie auf sich aufmerksam gemacht hatte. Sie waren so bedeutsam, dass er 1910 dafür den Nobelpreis zuerkannt bekam. Zur gleichen Zeit nahm der anerkannte Pathophysiologe und Internist Ludolf von Krehl (1861–1937) den Ruf nach Heidelberg an. Als Schüler und Assistent dieser herausragenden Wissenschaftler führte Warburg sein Medizinstudium zu Ende. Nach seiner zweiten Promotion im Jahr 1911 reichte er im Folgejahr bereits seine Habilitationsschrift ein. Die Untersuchungen dazu hatte er großenteils während seiner wiederholten Forschungsaufenthalte an der Zoologischen Station in Neapel vorgenommen. Forschungsobjekt war das Ei des Seeigels, das zu jener Zeit bei Physiologen in Mode gekommen war. Warburgs anspruchsvolles Thema, für das er die Apparaturen selbst entwickelte, war die Messung des Sauerstoffverbrauchs beim befruchteten Seeigelei während der ersten Zellteilungen.

Warbug wurde Privatdozent und Mitglied des Lehrkörpers der Medizinischen Fakultät zu Heidelberg. Er lernte Otto Meyerhof (1884–1951) kennen, der 1910 für vier Jahre an das von-Krehl'sche Institut gekommen war. Mit diesem bedeutenden Forscher, der 1922 mit dem Nobelpreis geehrt wurde, entwickelte sich eine ausgesprochen produktive Zusammenarbeit. Warburg war nun ein in Fachkreisen anerkannter und geschätzter Wissenschaftler und erhielt ehrenvolle Einladungen. Auch Paul Ehrlich (1854–1915), der 1908 den Nobelpreis erhalten hatte, wurde auf ihn aufmerksam und lud ihn zu sich nach Frankfurt ein.

Der Ausbruch des Ersten Weltkriegs unterbrach die aufstrebende wissenschaftliche Laufbahn Warburgs. Er meldete sich freiwillig und diente als Ordonanzoffizier und Arzt an der Ostfront. Als der Krieg 1918 endete, konnte Warburg am Kaiser-Wilhelm-Institut in Berlin-Dahlem seine Arbeiten über die Zellatmung und die Energie liefernden Prozesse bei Pflanzen- und bei Krebszellen wieder aufnehmen. 1921 wurde er zum Professor ernannt und lehrte bis 1923 zusätzlich auch an der Medizinischen Fakultät der Friedrich-Wilhelm-Unversität in Berlin. Seine Arbeit wurde von der *Rockefeller-Foundation* gefördert, mehrfach erhielt er Einladungen zu Lehr- und Forschungsaufenthalten in den USA.

Er scharte nur wenige Mitarbeiter um sich und zog seine Untersuchungen, von Assistenten unterstützt, zielstrebig und selbstbewusst durch. Der Lohn war die Verleihung des Nobelpreises für Physiologie oder Medizin im Jahr 1931 für seine Entdeckung des Atmungsfermentes. Im gleichen Jahr wurde er Direktor des Kaiser-Wilhelm-Instituts für Zellphysiologie in Berlin.

Die Jahre des Dritten Reichs sind in seiner Biografie eine Zeit mit Fragezeichen. Warum konnte Warburg als einziger Forscher jüdischer Abstammung weiterhin das Kaiser-Wilhelm-Institut leiten? Viele Spekulationen ranken sich auch um seine Suspendierung im Jahr 1941, die kurze Zeit später wieder aufgehoben wurde, und um seinen erfolgreichen Antrag auf *Gleichstellung mit Deutschblütigen*. War es nur Glück, dass er die Zeit bis 1945 überstand?

Drei Jahre nach Kriegsende konnte er zunächst in den USA seine wissenschaftlichen Arbeiten über die Fotosynthese wieder aufnehmen. Ab 1950 arbeitete er als Leiter des Max-Planck-Instituts für Zellforschung, das aus dem ehemaligen Kaiser-Wilhelm-Institut hervorgegangen war, in Deutschland weiter. Großes Aufsehen erregten nun seine Arbeiten auf dem Gebiet der Medizin. Anlässlich seines 80. Geburtstages am 8. Oktober 1963 wurde er von Senat und Abgeordnetenhaus zum Ehrenbürger der Stadt Berlin ernannt.

Bis zu seinem Tod am 1. Januar 1970 war er wissenschaftlich tätig. Über 500 Fachpublikationen und zahlreiche bedeutende und grundlegende Entdeckungen auf den Gebieten der Fotosynthese und der Zellatmung umfasst sein wissenschaftliches Werk. Hinzu kommen die vielen methodischen Innovationen, die Lehre und Forschung bis heute beeinflussen.

WERKE

Warburg, O. H., 1911: Über die Oxydation in lebenden Zellen nach Versuchen am Seeigelei. Diss. Heidelberg, 38 S.

Warburg, O. H., 1913–26: Die Pflanzenwelt. Leipzig, 3 Bde., 1.715 S.

Warburg, O. H., 1914: Über die Rolle des Eisens in der Atmung des Seeigels nebst Bemerkungen über einige durch Eisen beschleunigte Oxydationen. Heidelberg, 24 S.

Warburg, O. H., 1928: Über die katalytischen Wirkungen der lebendigen Substanz. Berlin, 528 S.

Warburg, O. H., 1946: Schwermetalle als Wirkungsgruppe von Fermenten. Berlin, 195 S.

Warburg, O. H., 1949: Wasserstoffübertragende Fermente. Berlin, 368 S.

Warburg, O. H., 1951: The Chemical Mechanism of Photosynthesis. Bot. Rev. 18: 245–290.

Warburg, O. H., 1962: Weiterentwicklung der zellphysiologischen Methoden: angewandt auf Krebs, Photosynthese und Wirkungsweise der Röntgenstrahlen. Stuttgart, 644 S.

JOSIAS BRAUN-BLANQUET

(3.8.1884–20.9.1980)

Mit seiner Forschungsarbeit bereicherte der Schweizer Botaniker die Vegetationskunde um ein neues Arbeitsfeld. Die von Braun-Blanquet begründete Pflanzensoziologie verfolgt das Ziel, Pflanzengemeinschaften zu klassifizieren und zu systematisieren. Auf die Erscheinungsformen der Vegetation in einem Biotop angewendet, erlauben pflanzensoziologische Aufnahmen eine qualifizierte Bewertung und Beurteilung im Rahmen des Natur- und Landschaftsschutzes.

Josias Braun wurde am 3. August 1884 in Chur in der Schweiz geboren. Der Vater Jakob war Beamter, die Mutter Elisabeth (geb. Kindschi) Hausfrau. Zwischen 1905 und 1912 schloss sich der zum Kaufmann ausgebildete Hobby-Botaniker und Autodidakt den Botanikern Carl Schröter (1855–1939), Professor für Geobotanik an der ETH Zürich, und dessen Schülern Heinrich (1979–1939) und Marie (1877–1952) Brockmann-Jerosch sowie Eduard Rübel

(1876–1960) an und assistierte bei deren Kartierungsarbeiten in den Alpen. Als eigenständiger Kaufmann übernahm er 1908 die Samenhandlung seines Onkels in Chur. 1913 entschied er sich für ein Biologiestudium und zog nach Montpellier. Als Schüler von Charles Flahault (1852–1935) schloss er das Studium 1915 mit der Promotion ab und konnte danach als Assistent an der l'école polytechnique fédérale in Montpellier weiterarbeiten. In dieser Zeit lernte er seine spätere Frau, die Französin Gabrielle Blanquet, kennen. Seit der Hochzeit nannte er sich Braun-Blanquet.

Eduard Rübel, der 1917 als Privatdozent an die ETH berufen worden war, holte Braun-Blanquet als Assistenten nach Zürich zurück und setzte ihn 1922 als Mitarbeiter an dem von ihm 1918 neu gegründeten *Geobotanischen Institut Rübel* ein. Bis 1926 erforschten sie gemeinsam die Pflanzenwelt der Alpen. Die *Flora von Graubünden*, die zwischen 1932 und 1935 erschien, war das großartige Ergebnis dieser langjährigen Zusammenarbeit.

Braun-Blanquet blieb bis 1926 in Zürich und ging dann endgültig nach Monpellier, wo er die *Station Internationale de Géobotanique Méditerranéenne et Alpine (SIGMA)* gründete und sie als Direktor von 1930 bis zu seinem Tod am 20. September 1980 leitete.

Braun-Blanquet entwickelte die grundlegenden Methoden zur standardisierten Erfassung von Pflanzengemeinschaften. Er stellte sie erstmals 1915 vor. Im Rahmen der botanischen Kongresse von Amsterdam (1935), Stockholm (1950) und Paris (1954) wurde die Arbeitsweise zunehmend vereinheitlicht und für vergleichbare Bestandsaufnahmen in weiten Teilen der Erde zugeschnitten. Das Ziel, nahezu alle landgebundenen Pflanzengemeinschaften nach einer einheitlichen Methode im Sinne Braun-Blanquets erfassen zu können, wurde jedoch nicht in dem angestrebten Maß erreicht. Zudem konnten die tropischen Regenwälder wegen ihrer unüberschaubaren Artenfülle nicht einbezogen werden.

Braun-Blanquet erhielt fünf Ehrendoktorwürden, wurde Ehrenbürger seiner Geburtsstadt Chur und Ritter der Ehrenlegion. Für seine bahnbrechenden Arbeiten wurde ihm 1974 die Medaille in Gold der *Linnean Society of London* verliehen.

WERKE

Braun-Blanquet, J., *1923: L'Origine et le dévelopement des flores dans le Massif central de France, avec aperçu sur les migrations des flores dans l'Europe sud-occidentale. Zürich.*

Braun-Blanquet, J., *1928: Pflanzensoziologie. Grundzüge der Vegetationskunde. Berlin, 330 S.*

Braun-Blanquet, J., *1932: Les survivants des periodes glaciaires dans la vegetation mediterranéenne du Bas-Languedoc. Leur valeur indicatrice et leur signification pratique. Montpellier, 10 S.*

Braun-Blanquet, J. & Rübel E., *1932–35: Flora von Graubünden. Vorkommen, Verbreitung und ökologisch-soziologisches Verhalten der wildwachsenden Gefäßpflanzen Graubündens und seiner Grenzgebiete. Bern, 1.695 S.*

Braun-Blanquet, J., *1951: Flora raetica advena. Chur, 111 S.*

Braun-Blanquet, J., *1952: Les groupements végétaux de la France mediterranéenne. Paris, 297 S.*

Braun-Blanquet, J., *1961: Die inneralpine Trockenvegetation: Von der Provence bis zur Steiermark. Stuttgart, 273 S.*

Braun-Blanquet, J., *1964: Pflanzensoziologie – Grundzüge der Vegetationskunde. Berlin, Heidelberg, New York, Hongkong, London, Mailand, Paris, Tokio. 865 S.*

KARL VON FRISCH

(20.11.1886–12.6.1982)

Karl von Frisch war mit Leib und Seele Biologe. Die Tiere, mit denen er sich schon als Kind umgab, waren für ihn nie Versuchsobjekte. Er verstand und achtete sie wohl eher wie Mitarbeiter. Nur so konnten ihm die unglaublichen Dressuren von Insekten, Fischen und Vögeln gelingen, die die Grundlage seiner wissenschaftlichen Arbeiten bildeten. Mit dressierten Fischen entdeckte er, dass sie Farben, Töne und Düfte unterscheiden können, dressierte Honigbienen verrieten ihm, dass auch Insekten in einer farbigen Welt leben und als soziale Insekten über eine differenzierte Tanzsprache wichtige Informationen miteinander austauschen. So, wie er die Tiere verstand, begegnete er auch seinen Schülern. Mit Geduld und Einfühlungsvermögen war er ein ebenso beliebter wie erfolgreicher Hochschullehrer. Seine zahlreichen Bücher, in denen er mehr oder weniger wissenschaftlich über seine Tiere berichtete, erlebten mehrere Auflagen. Im Laufe seines langen Lebens erhielt er viele bedeutende Ehrungen. Die „wissenschaftliche Krönung" aber erfolgte 1973, als er zusammen mit Nikolaas Tinbergen (1907–1988) und Konrad Lorenz (1903–1989) den Nobelpreis für Physiologie oder Medizin erhielt.

Karl von Frisch wurde am 20. November 1886 in Wien geboren. Sein Vater war ein anerkannter Chirurg und Urologe, der Großvater mütterlicherseits, Franz Exner, Professor für Philosophie in Prag. Seine drei, um elf, 13 und 14 Jahre älteren Brüder Hans, Otto und Ernst wurden ebenfalls erfolgreiche Hochschullehrer. Schon als Schüler zog es ihn hinaus, er sammelte alles, was „kreucht und fleucht" und hatte bald einen kleinen Zoo zusammen, in dem er insgesamt 170 verschiedene Tierarten, Säugetiere, Vögel, Echsen, Lurche, Fische und zahllose wirbellose Tiere pflegte. Er beobachtete ihr Verhalten und führte akribisch Protokoll. Mit 16 Jahren schrieb er seinen ersten Artikel. Nach dem Abitur begann er auf ausdrücklichen Wunsch seines Vaters mit dem Studium der Medizin in Wien. Als er nach fünf Semestern die Vorprüfungen mit Bravour abgelegt hatte, hielt es ihn nicht länger in seiner Geburtsstadt. Er zog nach München, um Biologie zu studieren. Sein Lehrer war der bekannte Zoologe und Physiologe Richard Hertwig (1850–1937). Doch schon zwei Jahre später musste er auf Wunsch seiner Eltern wieder nach Wien zurückkehren. Dort wurde er 1910 an der Biologischen Versuchsanstalt mit einer Dissertation über den Farbwechsel bei Fischen promoviert. Wieder kehrte er zurück nach München, wurde Assistent bei Hertwig am Zoologischen Institut und erlangte zwei Jahre später mit der Habilitation die Lehrbefugnis an Hochschulen. In der Folgezeit forschte und lehrte von Frisch an verschiedenen Hochschulen, bis er schließlich 1925 endgültig nach München zurückfand, wo er die Nachfolge seines Lehrers Hertwig antrat und, von einer fünfjährigen Lehrtätigkeit in Graz unmittelbar nach dem Zweiten Weltkrieg abgesehen, bis zu seiner Emeritierung blieb. Danach zog er sich in das Haus der Familie von Frisch am Königssee zurück.

Sein Thema war die Sinnesphysiologie. Besonders das Farbensehen der Tiere hat ihn lange beschäftigt. Seine Dressurversuche, mit denen er den Nachweis erbrachte, dass Fische und Honigbienen

Farben unterscheiden, erregten große Aufmerksamkeit, zumal er damit den anerkannten Forschungsergebnissen des Geheimrates Carl von Hess, Direktor der Münchener Augenklinik, widersprach und tatsächlich Recht hatte. In weiteren Untersuchungen, die er an der Biologischen Station in Neapel durchführte, entschlüsselte er den Mechanismus, mit dem sich Fische farblich dem Untergrund anpassen. Der Erste Weltkrieg zwang ihn, seine Arbeiten zu unterbrechen. Wegen seiner Fehlsichtigkeit wurde er zwar nicht zum Militärdienst einberufen, half aber dennoch seinem Bruder in Wien bei der Versorgung der im Krieg Verwundeten. Dabei lernte er die Tochter eines Wiener Verlagsbuchhändlers kennen. Sie heirateten am 20.7.1917. Drei Töchter und ein Sohn gingen aus dieser glücklichen Ehe hervor.

Gleich nach Kriegsende kehrte er nach München zurück, wo er zum außerordentlichen Professor ernannt wurde. Immer noch beschäftigte ihn die Sinnesphysiologie der Fische. Er entdeckte, dass das Farbensehen der Fische nur am Tag funktioniert und Fische riechen und hören können. Mit seinen Ergebnissen widersprach er erneut einer damals herrschenden Lehrmeinung und behielt abermals Recht. 1924 gründete er die *Zeitschrift für vergleichende Physiologie*, die heute als *Journal of Comparative Physiology* fortgeführt wird und unter Wissenschaftlern in höchstem Ansehen steht.

Während der Zeit des Dritten Reiches setzte er sich wiederholt für polnische Wissenschaftskollegen ein und geriet 1941 selbst in die Mühlen der antisemitischen Politik. Da seine Großmutter mütterlicherseits Jüdin war, galt er als Mischling 2. Grades und sollte daher aus allen Ämtern entfernt werden. Nur mit starker Unterstützung seitens der *Bayerischen Akademie der Wissenschaften* und einer gehörigen Portion Glück überstand er diese kritische Zeit.

Die meiste Zeit seines Lebens, es sind ziemlich genau 70 Jahre, widmete er sich der Erforschung der Honigbiene. Er fand heraus, dass die auffälligen Tänze, die die Arbeiterinnen im Stock aufführen, Teil ihrer Sprache sind. Damit teilen sie einander mit, wo und in welcher Entfernung sich eine ergiebige Futterquelle befindet. Über die mitgebrachten Proben können sich die Bienen gleichzeitig von der Qualität der Futterquelle überzeugen und erfahren dabei, wie es dort duftet. Alles in allem eine sehr differenzierte Mitteilung, die nachfolgende Bienen sicher und schnell zum angegebenen Ziel führt.

Das Grundmuster der Bienensprache war damit dechiffriert. Nach dieser grandiosen wissenschaftlichen Leistung entdeckte er, dass Bienen nicht nur Farben unterscheiden können, sondern auch das Polarisationsmuster des Sonnenlichtes erkennen und zur Orientierung verwenden. So gelingt es diesen Insekten, sich auch bei bedecktem Himmel ohne direkte Sicht auf die Sonne zurechtzufinden. Bienen besitzen eine innere Uhr und berücksichtigen dabei den Lauf der Sonne am Himmel. Das Erdmagnetfeld und auffällige Landmarken wie Bäume und Wege helfen ihnen zusätzlich, sich den kürzesten Weg einzuprägen.

Mit seinem wissenschaftlichen Werk konnte von Frisch auf viele Fragen der Sinnesphysiologie selbst die Antwort finden, zahlreiche weitere wurden von seinen Schülern auf seine Anregung hin beantwortet oder in Angriff genommen. Ihm ist es zu verdanken, dass die Arbeit mit dressierten Versuchstieren zu einer Standardmethode in der modernen Biologie geworden ist. Seine Versuche haben längst Eingang in die Schulbücher gefunden, in zahlreichen Museen stehen Bienenstöcke mit Seitenwänden aus Plexiglas, durch die der Besucher die Tänze der Bienen direkt beobachten kann. Noch immer zehren viele Forscher in der ganzen Welt von dem, was durch Karl von Frisch an wissenschaftlichen Fragestellungen angeregt worden ist.

Karl von Frisch trat 1958 in den verdienten Ruhestand. Er starb 96-jährig am 12. Juni 1982 in seinem Haus in Brunnwinkel am Wolfgangsee.

Zu den zahlreichen Ehrendoktorwürden, unter anderem auch der berühmten Harvard University, wurden ihm zahlreiche weitere hohe Auszeichnungen zuteil. 1921 erhielt er den *Lieben-Preis* der *Österreichischen Akademie der Wissenschaften*, 1963 den hoch dotierten *Balzanpreis* für Biologie und schließlich 1973 den Nobelpreis für Physiologie oder Medizin.

Zwei Preise erinnern für alle Zukunft an das große Schaffen dieses Forschers. Die Zoologische Gesellschaft ehrt Wissenschaftler, die in seinem Sinne weiterforschen, mit der *Karl-Ritter-von-Frisch-Medaille*. Der *Karl-von-Frisch-Abiturientenpreis* wird vom Verband deutscher Biologen und biowissenschaftlicher Fachgesellschaften verliehen.

Wie kein zweiter verstand es Karl von Frisch, wissenschaftliche Forschung in allgemeinverständlicher Form spannend und anschaulich zu schildern. Klarheit des Denkens und der Sprache bestimmten sein schriftstellerisches Werk. Seine Bücher erlebten mehrere Auflagen.

WERKE

Frisch, K. v., 1921: *Über den Sitz des Geruchssinnes bei Insecten.* Jena, 68 S.

Frisch, K. v., 1923: *Über die „Sprache" der Bienen. Eine tierpsychologische Untersuchung.* Jena, 186 S.

Frisch, K. v., 1927: *Aus dem Leben der Bienen.* Berlin, 149 S.

Frisch, K. v., 1936: *Du und das Leben. Eine moderne Biologie für Jedermann.* Berlin, 367 S.

Frisch, K. v., 1936: *Über den Gehörsinn der Fische.* Biol. Reviews 11: 210–246.

Frisch, K. v., 1940: *Zehn kleine Hausgenossen.* München, 176 S.

Frisch, K. v., 1950: *Bees, Their Vision, Chemical Senses, and Language.* Ithaca, 119 S.

Frisch, K. v., 1952: *Biologie.* Bd. 1. München, 191 S.

Frisch, K. v., 1953: *Biologie.* Bd. 2. München, 201 S.

Frisch, K. v., 1957: *Erinnerungen eines Biologen.* Berlin, Heidelberg, New York, Hongkong, London, Mailand, Paris, Tokio, 172 S.

Frisch, K. v., 1961: *Das kleine Insektenbuch.* Leipzig, 39 S.

Frisch, K. v., 1965: *Tanzsprache und Orientierung der Bienen.* Berlin, Heidelberg, New York, Hongkong, London, Mailand, Paris, Tokio, 578 S.

Frisch, K. v., 1974: *Tiere als Baumeister.* Frankfurt a.M., 309 S.

ERWIN STRESEMANN

(22.11.1889–22.11.1972)

Bekannt ist Erwin Stresemann allen Studierenden der Biologie durch seine dreibändige *Exkursionsfauna*, die 1955 mit dem Wirbeltierband begonnen und 1969 mit dem zweiten Halbband über Insekten abgeschlossen wurde. In der Fachwelt ist der Name dieses Berliner Ausnahmeforschers mit zahlreichen grundlegenden Werken verbunden, darunter der Vogelband im Handbuch der Zoologie und das von ihm angeregte, 14 Bände umfassende Standardwerk der Vogelkunde, das *Handbuch der Vögel Mitteleuropas*. Stresemann war ein hervorragender Ornithologe und der vielleicht letzte echte Zoologe, dem es immer oberstes Anliegen war, die biologische Wissenschaft vor dem Zerfall in zahlreiche, sich methodisch und fachlich voneinander entfernende Teildisziplinen zu bewahren. Mit seinem Lebenswerk konnte er diese Entwicklung in der Biologie nur verzögern, nicht aber gänzlich verhindern.

Erwin Stresemann wurde am 22. November 1899 geboren. Sein Vater war Apotheker und Besitzer der Mohrenapotheke im Zentrum von Dresden. Sein Interesse an der Natur wurde früh geweckt, seine erste Publikation, in der er über seine erfolgreiche Kreuzung von Birkenzeisig und Stieglitz berichtete, verfasste er mit 17 Jahren. Nach dem Abitur schrieb er sich zunächst als Medizinstudent an der ehrwürdigen Universität zu Jena ein, wechselte aber bald nach München. Hier wurde man auf den neuen Studenten aufmerksam und gestattete dem 21-jährigen Stresemann die Teilnahme an der zweiten Freiburger Molukken-Exkursion, die unter der Leitung von Prof. Karl Denninger von 1910 bis 1912 durchgeführt worden ist. Schon hier zeigte sich sein enormer Fleiß, denn die Expedition ergab allein 1.200 Vogelbälge, die im Britischen Museum in London ausgewertet wurden.

Im Alter von 24 Jahren war der Student Stresemann bereits als Ornithologe international bekannt und geachtet. Kein geringerer als der Jenaer Hochschullehrer Willy Kükenthal (1861–1922) bat den jungen Vogelkundler, die Bearbeitung des Vogelbandes als Teil des Handbuchs der Zoologie zu übernehmen. Stresemann sagte zu, war aber durch den Ausbruch des Ersten Weltkrieges gezwungen, die Arbeiten an diesem Band zu unterbrechen. Während der Kriegsjahre lernte er Elisabeth Denninger, die Tochter des Expeditionsleiters zu den Molukken, näher kennen, sie heirateten 1916. Trotz dreier gemeinsamer Kinder scheiterte die Ehe schließlich nach 22 Jahren.

Noch 1918 konnte Stresemann sein Studium mit einem Paukenschlag beenden. Die fast 300 Seiten umfassende Monographie über die Vogelwelt Mazedoniens fand internationale Beachtung. Im gleichen Jahr erschien ein weiteres Buch, eine Beschreibung der malaiischen Pauloli-Sprache, die er während seines Aufenthaltes auf den Molukken erlernt hatte.

ERWIN STRESEMANN

Vogelfeder, zentrale Forschungsobjekt (handwritten)

Nun begann eine steile wissenschaftliche Karriere. Er wurde 1921 zum Leiter der Ornithologischen Abteilung des Berliner Museums für Naturkunde ernannt und ein Jahr später Generalsekretär der Deutschen Ornithologischen Gesellschaft. Die nächsten 21 Jahre war er der Herausgeber der international geachteten Fachzeitschrift *Journal of Ornithology*. Stresemann war fleißig und gewissenhaft. Mitarbeiter berichteten, dass er oft bis weit in die Abendstunden hinein im Museum gearbeitet habe. Von Anfang an war die Vogelfeder sein zentrales Forschungsobjekt. Er studierte Zigtausende von Vogelbälgen, um Feinstruktur, spezielle Funktionsabläufe und vor allem den Verlauf der Mauser genauestens zu untersuchen. Die umfangreiche Datensammlung stützte sich nicht nur auf die Sammlungen des Berliner Museums für Naturkunde, sondern bezog auch die nach Hunderttausenden zählenden Balgsammlungen des Museums für Naturgeschichte in New York und des Britischen Museums in London mit ein. Am Ende seiner Studien stand eine 450 Seiten starke Monographie über die Mauser der Vögel, die 1966 erschien.

Sein größtes Werk ist jedoch der Band 7, *Ornithologie*, im *Handbuch der Zoologie*, der in mehreren Teillieferungen zwischen 1927 und 1934 erschien.

1931 erhielt er Besuch von Konrad Lorenz. Stresemann schätzte ihn, weil er das Werden der von Lorenz und anderen vertretenen, neuen zoologischen Forschungsrichtung, der Verhaltensforschung, fasziniert verfolgte und vielleicht auch, weil Lorenz zumindest anfangs seine Versuchstiere aus der Vogelwelt gewählt hat. In der Verhaltensforschung sah Stresemann eine grundlegende biologische Disziplin mit neuen Möglichkeiten zur Erforschung der Stammesgeschichte der Vögel. Er war begeistert, als er erfuhr, dass sich Konrad Lorenz mit den Plänen zur Errichtung eines Instituts für Verhaltensforschung in Wien befasste.

Stresemann selbst machte sich stark für ein *Handbuch der deutschen Vogelkunde*, das neben der detaillierten Beschreibung der Verbreitung der einzelnen Vogelarten auch deren Biologie und Verhalten sowie populationsökologische Aspekte behandeln sollte. In Günter Niethammer fand er den geeigneten Herausgeber. Das dreibändige Werk wurde 1942 abgeschlossen. Die Kriegsjahre führten ihn als Reserveoffizier nach Süditalien und Griechenland.

Drei Jahre nach der Trennung von seiner ersten Frau heiratete er 1941 Vesta Hauchecorne (1902–2006), die mit ihm die Begeisterung für die Vogelforschung teilte. Es entstanden mehrere gemeinsame Arbeiten.

Nach dem Zusammenbruch des deutschen Kaiserreichs nach dem Ersten Weltkrieg musste er nach dem Zweiten Weltkrieg erneut den Zusammenbruch eines deutschen Staates erleben.

Schon ein Jahr nach Kriegsende wurde er zum Professor ernannt und nahm seine Tätigkeit als Hochschullehrer in Berlin auf. Ihm und seinem weltweiten Ansehen war es zu verdanken, dass die deutsche Ornithologie bald wieder wissenschaftlich Anschluss fand und international geachtet wurde. Wieder überraschte er die Fachwelt mit einem gründlich recherchierten und brillant geschriebenen, 430 Seiten starken Buch über die *Entwicklung der Ornithologie von Aristoteles bis zur Gegenwart*. Es erschien im Jahr 1951.

Die durch die Alliierten geschaffene Teilung Deutschlands und der Viermächtestatus seiner Stadt Berlin leiteten ein Kuriosum der deutschen Ost-West-Geschichte ein. Stresemann wurde West-berliner Bürger und durfte täglich nach Ostberlin einreisen, um dort in den Sammlungen und in der Bibliothek zu arbeiten. Mehr noch, Stresemann, Generalsekretär der westlichen *Deutschen Ornithologischen Gesellschaft*, der kein DDR-Wissenschaftler angehören durfte, wurde 1954 zum ordentlichen Mitglied der *Leopoldina*, der Akademie der Naturforscher in Halle, gewählt, die Mitgliedschaft in der ostdeutschen *Akademie der Wissenschaften zu Berlin* erfolgte ein Jahr später. Er begleitete die Neugründung des Tierparks im Osten der Stadt, mit der offiziellen Eröffnung am 2. Juli 1955. Auf seine Anregung hin wurde eine Biologenstelle eingerichtet. Stresemann wurde die Leitung des Kuratoriums übertragen, das über Besetzung und Mittel bestimmte.

Rund 20 Jahre nach dem Erscheinen des dreibändigen *Handbuchs der deutschen Vogelkunde* gelang es Stresemann, den Weg für ein noch gewaltigeres Werk zu bereiten, für das *Handbuch der Vögel Mitteleuropas*. 14 Bände, wegen des Umfangs auf 22 einzelne Bücher aufgeteilt, und einen Registerband umfasste es schließlich. Herausgeber war der Schweizer Ornithologe Glutz von Blotzheim (*1933). Das Handbuch ist zu dem Standardwerk der Vogelkunde geworden und erscheint seit 1985 in der zweiten Auflage.

Bis zu seinem Tode am 22. November 1972 blieb Stresemann durch seine Sonderstellung das verbindende Element der deutschen Ornithologie zwischen Ost und West.

Am bekanntesten ist Stresemann durch seine dreibändige *Exkursionsfauna*. Sie ermöglicht mit guten dichotomen Schlüsseln die Bestimmung zahlreicher heimischer Tierarten von Einzellern über Insekten bis hin zu Wirbeltieren.

WERKE

Stresemann, E., *1920: Avifauna Macedonica. Die ornithologischen Ergebnisse der Forschungsreisen, unternommen nach Mazedonien durch Prof. Doflein und Prof. L. Müller-Mainz in den Jahren 1917 und 1918. München, 270 S.*

Stresemann, E., *1951: Entwicklung der Ornithologie. Von Aristoteles bis zur Gegenwart. Berlin, 431 S.*

Stresemann, E., *1955–57: Exkursionfauna von Deutschland. Bde. I–III. Berlin, 1.840 S.*

HELMET GAMS

(25.9.1893–13.12.1976)

Die Domäne des österreichischen Botanikers waren Algen, Moose und Flechten, die wissenschaftlich als *Kryptogamen* bezeichnet werden. Auf diesem Spezialgebiet erwarb er sich große Verdienste. Zudem gehörte Gams zu den Pionieren im Bereich der Pollenanalyse, fachsprachlich auch *Palynologie* genannt, die es allein aufgrund von Pollenfunden erlaubt, längst vergangene Pflanzengemeinschaften zu charakterisieren, was wiederum Rückschlüsse auf das Klima jener Zeit ermöglicht.

Helmut Gams wurde am 25. September 1893 in Brünn geboren. Er immatrikulierte sich an der Universität Zürich und schloss dort 1918 sein Studium mit der Promotion ab. In seiner vegetationskundlichen Dissertation führte er den heute in der Vegetationskunde allgemein gebräuchlichen Begriff *Synusie* für eine Vergesellschaftung von Pflanzen gleicher Lebensform ein.

Zwischen 1920 und 1923 arbeitete er in München als Assistent von Gustav Hegi (1876–1932) an dessen berühmtem Werk, der *Illustrierten Flora von Mitteleuropa*, mit. Er gründete die Biologische

Station in Mooslachen am Bodensee und wurde deren Leiter. Als er 1929 den Ruf an die Universität Innsbruck erhielt, nahm er an und blieb dort, ab 1947 als Ordinarius, bis zu seinem Tode am 13. Dezember 1976.

Das botanische Spezialgebiet von Gams waren die *Kryptogamen*. Unter diesem Begriff werden Algen, Moose und Flechten zusammengefasst. Gams entdeckte 17 neue Arten und beschrieb sie wissenschaftlich. Mit der *Kleinen Kryptogamenflora*, deren erster Band 1940 erschien, rief er ein mehrbändiges Werk der Kryptogamenkunde ins Leben und fungierte bis zu seinem Tod als Herausgeber von Neuauflagen und Ergänzungen.

Die herausragenden wissenschaftlichen Leistungen bestehen in seinen mit Kollegen gemeinsam durchgeführten Untersuchungen an Blütenpollen. Die vor allem in Seen, Gletschern und Mooren abgelagerten Pollen lassen sich selbst nach Jahrtausenden noch einer Pflanze zuordnen, so dass damit Aussagen über die Geschichte der Pflanzendecke früherer Zeiten möglich sind. Pollendiagramme gestatten auch eine grobe Einschätzung des zu jener Zeit herrschenden Klimas. Zudem spielt die Pollenanalyse heute in der Bestimmung von Blütenhonigen eine wichtige Rolle und wird ferner in der Kriminologie eingesetzt.

Helmut Gams gehört zu den Pionieren der Pollenanalyse, seine wegweisenden Arbeiten haben die Palynologie mitbegründet. Das Wirken dieses Forschers führte zur Einrichtung eines eigenen palynologischen Labors am Botanischen Institut der Universität Innsbruck.

WERKE

Gams, H., *1918: Prinzipienfragen der Vegetationsforschung: ein Beitrag zur Begriffserklärung u. Methodik der Biocoenologie. Dissertation. Zürich, 136 S.*

Gams, H. & Nordhagen, R., *1923: Postglaziale Klimaaederungen und Erdkrustenbewegungen in Mitteleuropa. München, 336 S.*

Gams, H., *1931: Pflanzenwelt Vorarlbergs, Bd. 3 der Heimatkunde von Vorarlberg. Wien-Leipzig, 76 S.*

Gams, H., *1936: Rindenflechten der Alpen. Jena, 12 Tafeln.*

Gams, H., *1940: Kleine Kryptogamenflora von Mitteleuropa. Bd. I: Die Moos- und Farnpflanzen (Archegoniaten). Jena, 184 S.*

Gams, H., 1953: Kleine Kryptogamenflora von Mitteleuropa. Bd. II: Blätter und Bauchpilze (Agaricales und Gastromycetes). Jena, 282 S.

Gams, H., 1955: Kleine Kryptogamenflora. Bd. Ia: Makroskopische Süß- wasser- und Luftalgen. Stuttgart, 63 S.

Gams, H., 1974: Kleine Kryptogamenflora. Bd. Ib: Makroskopische Mee- resalgen. Stuttgart, 119 S.

Gams, H., 1984 (Hrsg.): Kleine Kryptogamenflora. Bd. IIa: Basidiomy- ceten I. Jülich, W.: Die Nichtblätterpilze, Gallertpilze und Bauchpilze. Stuttgart – New York, 626 S.

Gams, H., 1955: Kleine Kryptogamenflora. Band IIb: Basidiomyceten II. Die Röhrlinge, Blätter- und Bauchpilze. Stuttgart, 327 S.

Gams, H., 1967: Kleine Kryptogamenflora. Bd. III: Flechten (Lichenes). Stuttgart, 244 S.

Gams, H., 1973: Kleine Kryptogamenflora. Bd. IV: Die Moos- und Farn- pflanzen. Stuttgart, 240 S.

THEODOSIUS GRIGORJEWITSCH DOBZHANSKY

(15.1.1900–18.12.1975)

Zusammen mit Ernst Mayr gehörte der aus der Ukraine stam- mende Genetiker Theodosius Dobzhansky zu den Vordenkern und Begründern der Synthetischen Evolutionstheorie. Mit dieser Theorie gelang es, die Evolutionslehre nach Charles Darwin und Alfred Wallace mit den Erkenntnissen der modernen Genetik in Einklang zu bringen. Damit wurde die Evolutionsbiologie aus einer Phase des Auf-der-Stelle-Tretens herausgeführt.

Dobzhansky wurde am 15. Januar 1900 in Nemirow in der Ukraine geboren. Der Vater war Mathematiklehrer. Wie bei vielen Biologen begann sein Interesse an der Natur bereits in jungen Jahren mit dem Sammeln von Schmetterlingen. Eine sechswöchige Klas- senfahrt in den Kaukasus bestärkte sein Interesse an der Biologie und wurde für den damals 12-Jährigen zu einem unvergesslichen Erlebnis. Er bekam Charles Darwins Buch *On the Origin of Species* in die Hände und war fasziniert. Nach dem Ende der Schulzeit wollte er Biologie studieren und wie Darwin die Welt bereisen, fremde Länder erkunden sowie neue Tier- und Pflanzenarten entdecken.

Sein Berufsziel fest im Visier, entschloss er sich, fortan Marienkäfer zu sammeln. Diese Insektengruppe war überschaubar und versprach, schnell zu neuen Entdeckungen zu führen. Kaum 18 Jahre alt, entdeckte er eine für die Wissenschaft neue Marienkäferart in der Umgebung von Kiew. Die Beschreibung dieses Käfers wurde seine erste wissenschaftliche Veröffentlichung. 1917 konnte er sich an der Universität von Kiew für das Biologiestudium einschreiben, das er 1921 erfolgreich abschloss. An den großen politischen Veränderungen, die in diesen Jahren die Welt neu ordneten, hatte er wenig Interesse. Nach seinem Studienabschluss konnte er als Dozent an der Landwirtschaftlichen Fakultät der Universität weiterarbeiten. Er lernte die Biologin Natascha Sivertsev kennen und heiratete sie drei Jahre später.

Zur Genetik fand er eher durch Zufall, als er die Schriften des amerikanischen Genetikers und späteren Nobelpreisträgers Thomas Hunt Morgan (1866–1945) erhielt. Ein Kollege hatte sie während einer Auslandsreise bekommen und nach Kiew mitgebracht. Morgan arbeitete mit *Drosophila*, der Taufliege, die sich als Versuchstier für genetische Arbeiten als ideal erwiesen hatte. Sogleich begann auch Dobzhansky Taufliegen zu züchten und wiederholte die Untersuchungen seines amerikanischen Kollegen. Dann fing er mit eigenen Forschungen zur Variabilität von Merkmalen und Merkmalskombinationen an. Seine Marienkäfer, mit denen er sich inzwischen bestens auskannte, erwiesen sich jedoch trotz Züchtung im großen Stil für genetische Untersuchungen als ungeeignet.

Das Jahr 1927 brachte den Wendepunkt in seiner wissenschaftlichen Karriere. Über die Universität von Leningrad führte ihn der Weg an die berühmte Columbia University in New York direkt zur Arbeitsgruppe seines wissenschaftlichen Idols Morgan.

Zwischen 1930 und 1940 lehrte er am California Institute of Technology in Pasadena, wohin die Arbeitsgruppe um Thomas Morgan gewechselt war. Sein erstes und vielleicht bedeutendstes Buch *Genetics and the Origin of Species* erschien 1937. Darin definierte er die biologische Art nicht nach äußerlich erkennbaren Merkmalen, sondern fasste die Merkmalsträger, die Gene, in ihrer Gesamtheit als das gemeinsame Potential aller Individuen einer Art auf. Er prägte dafür den Begriff *Genpool*, wobei die Häufigkeit der einzelnen Merkmalsträger im Genpool durch Selektion verändert wird.

Diese von ihm eingebrachte völlig neue Definition von Evolution wurde zum Motor der Evolutionsbiologie und machte Dobzhansky in aller Welt bekannt.

22 Jahre, von 1940 bis 1962, lehrte und forschte er an der Columbia-Universität und wechselte dann an das ebenfalls in New York beheimatete Rockefeller Institut, wo er bis zu seiner Emeritierung blieb. Seinen Ruhestand verlebte er als außerordentlicher Professor der Universität in Davis, Kalifornien. Hier starb er am 18. Dezember 1975.

Der Genetiker und Evolutionsbiologe Dobzhansky war davon überzeugt, mit der von Ernst Mayr und ihm entwickelten Synthetischen Evolutionstheorie den Mechanismus für die Entwicklung des Lebens auf der Erde schlüssig geklärt zu haben. Jede antievolutionäre Haltung bezeichnete er als Unsinn und lehnte alle auch von der Kirche und dem Papst vorgetragenen kreationistischen Bekenntnisse strikt ab. So direkt er seine Kritik an anderen äußerte, so empfindlich war er gegenüber jedweder Kritik an seinem eigenen Schaffen. Dobzhansky hat in seiner Zeit Großes geleistet, dennoch wird die Synthetische Evolutionstheorie heute von vielen Biologen eher kritisch betrachtet, da sie zu viele Fragen unbeantwortet lässt und nicht mit allen Erkenntnissen der modernen Biologie in Einklang zu bringen ist.

WERKE

Dobzhansky, Th., 1937: Genetics and the Origin of Species. New York, 364 S.

Dobzhansky, Th., 1939: Die genetischen Grundlagen der Artbildung. Nach der englischen Ausgabe ins Deutsche übertragen von Dr. Witta Lerche. Jena, 250 S.

Dunn, L. C. & Dobzhansky, Th., 1946: Heredity, Race and Society. New York, 143 S.

Sinnott, E. W., Dunn, L. C. & Dobzhansky, Th., 1950: Principles of Genetics. New York, 505 S.

Dobzhansky, Th., 1962, Mankind evolving: The Evolution of the Human Species. New Haven-London, 381 S.

Dobzhansky, Th., 1967: The Biology of Ultimate Concern. London, 152 S.

BARBARA MCCLINTOCK

(16.6.1902–2.9.1992)

Mit der Entdeckung der springenden Gene stürzte sie ein Dogma der klassischen Genetik. Es dauerte über 30 Jahre, bis sie die ihr gebührende Anerkennung fand. Außerdem entwickelte sie die Technik zur Untersuchung von Chromosomen entscheidend weiter. Für ihre bahnbrechenden Arbeiten erhielt sie 1983 den Nobelpreis für Physiologie oder Medizin.

Am 16. Juni 1902 wurde Barbara McClintock als drittes von vier Kindern in Hartford, Connecticut geboren. Die Familie musste in bescheidenen Verhältnissen leben, bis ihr Vater eine Anstellung als Arzt fand. Häufig wurde Barbara aufs Land zu Tante und Onkel geschickt, wo sie zwar allein, aber auch in Freiheit heranwuchs.

Die Familie zog nach Brooklyn, wo Barbara ab 1908 die Schule besuchte. Der Vater hatte sehr eigene Vorstellungen über die Bedeutung des Schulbesuchs und meldete die Kinder schließlich ab, als es zu Auseinandersetzungen mit der Lehrerin gekommen war. Barbara erhielt Privatunterricht. Zu ihren Hobbys gehörten in dieser Zeit vor allem Lesen und Sport, ihre Spielkameraden suchte sie sich unter den Jungen. Sie selbst trug Hosen. Zu ihrer Mutter hatte sie nie eine wirklich innige Beziehung aufbauen können, daher litt sie sehr, nachdem ihr Vater als Angehöriger der Armee zu Beginn des 1. Weltkrieges nach Europa versetzt worden war. Stets musste sie in dieser vaterlosen Zeit um ihre Ziele kämpfen. Erst 1919, als der Vater zurückkehrte, erreichte sie, dass sie ein Studium beginnen durfte. In der 300 Kilometer entfernten Landwirtschaftlichen Fakultät der Cornell University in Ithaka schrieb sie sich ein. Wieder machte sie die Erfahrung, dass sie am besten auf sich allein gestellt zurecht kam. Sie galt bald als Außenseiterin.

Immer verzichtete sie auf Freizeit und widmete sich ganz dem Studium. McClintock war eminent fleißig, belegte zusätzlich Botanik, Zoologie, Zytologie und Genetik. Sie fiel einem ihrer Lehrer, dem Genetikprofessor C. B. Hutchinson auf und wurde zu einem Graduiertenkolleg eingeladen. Ihr Diplom bestand sie 1923.

Noch war es an der Universität in Ithaka nicht üblich, dass Frauen sich mit Genetik beschäftigten. Die Genetik war erst vor wenigen Jahren als eigener Wissenschaftszweig etabliert worden. So wurde ihr eine Doktorarbeit in ihrem Lieblingsfach verweigert. Sie wich auf Botanik aus. Statt mit Fruchtfliegen zu experimentieren, führte sie ihre Untersuchungen an Mais durch. Der Zoologe Lowell Randolph akzeptierte sie als Hilfskraft. Sie hatte das Pech, dass sie in kurzer eine Technik entwickeln konnte, mit der sich die 20 Chromosomen der Maispflanzen genau unterscheiden lassen. Pech, weil dies ihrem Tutor nach jahrelanger vergeblicher Suche nicht geglückt war. Neid entwickelte sich und verschlechterte die Arbeitsbedingungen. 1927 hatte sie es geschafft. Sie wurde promoviert und erhielt gleich einen befristeten Lehrauftrag als Dozentin an der Cornell University in Ithaka.

Ihr eigener Arbeitsstil und die raschen Erfolge weckten das Misstrauen in der Männerriege der Universität. Sie musste allein forschen und konnte erst im Laufe von Monaten eine fähige Arbeitsgruppe formieren. Mit ihrer Arbeit versuchte sie eine Brücke zwischen zwei nebeneinander her laufenden Forschungsrichtungen zu schlagen, der Pflanzenzüchtung auf der einen und der Erforschung der Chromosomen auf der anderen Seite. Ihr Arbeitseifer und ihre Intensität sorgten in den Jahren 1928 bis 1935 für eine sehr produktive Forschungstätigkeit. Sie entdeckte die verschiedenen Phasen der Zellteilung und nutzte das Stadium, in der die Chromosomen säuberlich getrennt im Zellkern vorliegen, für ihre Untersuchungen. Damit konnte sie das *Crossing-over*, den internen Austausch von Chromosomenabschnitten, genauestens verfolgen. Die Ergebnisse ihrer Studien präsentierte sie 1933 beim Kongress der Genetiker in Ithaka.

Trotz erwiesener Befähigung und internationaler Anerkennung ihrer Arbeit erhielt sie als Frau keine feste Anstellung. Sie musste sich mit einem Stipendium begnügen, das ihr Thomas Hunt Morgan (1866–1945), der spätere Nobelpreisträger, verschaffte. Ständig pendelte sie nun zwischen den Labors der Cornell University in Ithaka und der Columbia University in New York. Zwischenzeitlich wurde sie von Lewis Stadler für ein Forschungssemester nach Kalifonien eingeladen. 1936 erreichte Stadler, dass sie als Assistenzprofessorin in Missouri, außerhalb des Stellenplans zwar, aber doch unbefristet angestellt wurde. In die Entscheidungsprozesse war sie nicht einbezogen.

Mit ihrer kompromisslosen Art verscherzte McClintock es sich bald mit ihren männlichen Kollegen, denen sie zudem teilweise mental überlegen war. Bald galt sie als exzentrisch und schwierig. Als Forscherin war sie weiterhin sehr erfolgreich. Sie entdeckte, dass Chromosomenbrüche in komplexen genetisch gesteuerten Regulationsprozessen repariert werden können. 1939 wurde sie zur *Vice-President* der *Genetics Society of America* gewählt.

Der Druck aus dem Kollegenkreis nahm trotz ihrer wissenschaftlichen Erfolge zu. So gab sie 1941 auf, verließ Missouri und fand, vermittelt durch ihren früheren Mitarbeiter und Freund Marcus Rhoades, eine Anstellung an der Columbia University in New York. Die zunächst nur auf ein Jahr befristete Stelle wurde 1943 in eine unbefristete Anstellung am Department of Genetics der Carnegie Institution umgewandelt. Von der ungeliebten Lehre freigestellt, konnte sie sich fortan ganz ihrer Forschung widmen. Erfolge stellten sich wieder rasch ein. McClintock entdeckte grundlegende, durch Gene gesteuerte Regulationsmechanismen, die bestimmen, ob ein genetisch angelegtes Merkmal auch tatsächlich im Erscheinungsbild auftritt.

Vier Jahre später erst machten François Jacob (*1920) und Jacques Monod (1910–1976) an Chromosomen des Bakteriums *Escherichia coli* eine vergleichbare Entdeckung, die sie zu einem genetischen Regulationsmodell ausbauten, ohne die von McClintock zuvor das schon an Mais gemachten Befunde zu erwähnen. 1965 wurden sie für ihr Regulationsmodell mit dem Nobelpreis für Physiologie oder Medizin ausgezeichnet.

Schon sehr verbittert, reagierte McClintock, die als Frau stets hintanstehen musste, in ihrem Dankschreiben auf die Nachricht, dass sie in die *National Academy of Sciences* aufgenommen worden sei. Sie schrieb: „Ich bin verblüfft. Juden, Frauen und Neger sind es gewohnt, diskriminiert zu werden und erwarten nicht viel." 1945 wurde sie zur Präsidentin der *Genetic Society of America* gewählt, der sie zuvor schon als Vizepräsidentin angehört hatte.

Zu ihrem größten wissenschaftlichen Erfolg wurde die Entdeckung der *Jumping genes*, der springenden Gene. 1951 stellte sie ihre spektakuläre Theorie auf dem Cold Spring Harbor Symposium vor und musste dafür herbe Kritik einstecken. Der Bruch mit dem Dogma, dass Gene feste, unveränderliche Erbeinheiten bilden, gab sie der Lächerlichkeit preis. Die ohnehin schon als verschroben geltende Dame hatte den Bogen nun endgültig überzogen. In den nächsten 30 Jahren gelang es ihr nicht, Anerkennung für ihre Theorie zu finden. Alle ihre weiteren Arbeiten, die sie zur Erhärtung ihrer Theorie veröffentlichte, blieben unbeachtet. Zu Seminaren wurde sie nicht mehr eingeladen.

Das Blatt wendete sich erst in den 1970er Jahren mit der Entdeckung der beweglichen Genelemente. Die sogenannten *Transposons* sind bedeutende Bestandteile des Genoms, die für die Ausbildung der Antibiotika-Resistenz von Bakterien verantwortlich gemacht werden und das menschliche Immunsystem befähigen, mutierte Erreger zu identifizieren.

Plötzlich stand sie im Mittelpunkt des Interesses. Sie erhielt Ehrungen, Medaillen. Die Rockefeller und die Harvard University verliehen ihr 1979 die Ehrendoktorwürde. 1983 folgte die wissenschaftliche Krönung mit der Verleihung des Nobelpreises für Physiologie oder Medizin. Die nunmehr 81-Jährige verkraftete den Rummel um ihre Person. Bereitwillig gab sie Interviews und empfing Gäste. McClintock hielt sich wissenschaftlich auf dem Laufenden, mit dem Labor in Cold Springs Harbour blieb sie verbunden. Dies wurde seit den 1970er Jahren vom Nobelpreisträger James Watson (*1928), dem Entdecker der DNS-Struktur, geleitet.

Barbara McClintock starb am 2. September 1992 im Alter von 90 Jahren in Huntington, New York.

WERKE

McClintock, B. & Randolph, L. F., 1926: Polyploidy in Zea mays. L. Amer. Naturalist. 60: 99–102.

McClintock, B., 1929: Chromosome morphology in Zea mays. Science 69, 629.

McClintock, B. & Creighton H. B., 1931: A Correlation of Cytological and Genetical Crossing-Over in Zea Mays. Proc. Natl. Acad. Sci. 17: 492–497.

McClintock, B., 1950: The origin and behavior of mutable loci in maize. Proc. Natl. Acad. Sci. 36: 344–355.

McClintock, B., 1951: Chromosome organization and genic expression. Cold Spring Harb. Symp. Quant. Biol. 16: 13–47.

McClintock, B., 1961: Some parallels between gene control systems in maize and in bacteria. Amer. Naturalist. 95: 265–277.

McClintock, B., 1984: The significance of response of the genome to challenge. Science 226: 792–801.

Konrad Zacharias Lorenz

(7.11.1903–27.2.1989)

Es gibt kaum jemanden, der den Namen dieses Forschers nicht sofort mit Graugänsen in Verbindung bringen würde. Graugänse und auch Dohlen begleiteten Konrad Lorenz durch sein gesamtes Forscherleben. Wie kein Zweiter hat er es verstanden, in äußerst packend geschriebenen Erzählungen seinen Namen als Naturforscher in die breite Öffentlichkeit zu tragen. Dabei ist er mit vielen Erkenntnissen zugleich auch als Mahner aufgetreten, der Ansichten und Handeln der Menschen als unbedacht und verantwortungslos empfunden hat. Viele seiner Thesen waren gewagt und riefen heftigen Widerspruch hervor. Als Wissenschaftler war er ein genauer Beobachter und ein Zoologe aus Leidenschaft. Er gilt als Begründer der vergleichenden Verhaltensforschung. Begriffe wie *Instinkt*, *Prägung* oder *Übersprungshandlung* sind mit dem Namen Konrad Lorenz verbunden. Für sein wissenschaftliches Lebenswerk erhielt er 1973 zusammen mit seinem holländischen Kollegen und Freund Nikolaas Tinbergen (1907–1988) sowie dem Bienenforscher Karl von Frisch (1886–1982) den Nobelpreis für Physiologie oder Medizin.

Konrad Lorenz wurde am 7. November 1903 als „Nachzügler" in Altenberg bei Wien geboren. Sein Bruder war bereits 18, der Vater, ein international erfolgreicher Orthopäde, der in Wien und New York praktizierte, fast 50 Jahre alt. Nach der Matura, die er im Jahr 1922 ablegte, studierte er auf ausdrücklichen Wunsch seines Vaters Medizin in Wien und zwei Semester auch in den USA. 1928 wurde er als Arzt in Wien promoviert. Doch mehr noch als zur Medizin, zog es ihn zu den Tieren. Schon gleich nach der Matura nahm er eine zahme Dohle auf und hatte vier Jahre später eine kleine Kolonie zahmer Vögel um sich geschart. Er hängte ein Zoologiestudium an, das er 1933 mit einer zweiten Promotion abschloss. Sein Doktorvater war der Wiener Zoologe Ferdinand Hochstetter (1861–1954), der besonders deutsch-nationale und völkisch gesinnte Studenten anzog. Konrad Lorenz wurde sein Assistent und blieb nach der Promotion noch bis zu dessen Pensionierung im Jahr 1935. Hochstetter förderte die vogelkundlichen Studien seines Schülers Lorenz. Nach einer Arbeit über das Sozialverhalten des Nachtreihers fand er zu der heimischen Vogelart, die mit seinem Namen auf das Engste verbunden bleiben würde. Eine an Menschen gewöhnte Graugans bildete den Anfang und schon bald hatte er eine schöne Gruppe von mit Menschen vertrauten Graugänsen zusammen.

Lorenz setzte seine Arbeiten am Psychologischen Institut von Karl Bühler fort (1873–1963). Dort konnte er sich schon 1936 habilitieren. Obwohl er sich mit seinen vogelkundlichen Arbeiten bereits einen Namen gemacht hatte und von so bedeutenden Persönlichkeiten wie den deutschen Ornithologen Oskar Heinroth (1871–1945) und Erwin Stresemann (1889–1972), dem deutschen Physiologen Jakob von Uexküll (1864–1944) und dem niederländischen Zoologen Nikolaas Tinbergen (1907–1988) unterstützt wurde, trat er, was seine weitere akademische Laufbahn anging, auf der Stelle. Hilfreich war in dieser Zeit die Förderung durch die Reichsstelle für den Unterrichtsfilm. Mit seinem Film über das Verhalten der Graugans wurde er im Land bekannt. Zudem übernahm er wichtige Funktionen in der neu gegründeten *Deutschen Gesellschaft für Tierpsychologie*.

Monate und Jahre vergingen, ohne dass Lorenz einen Ruf an eine Universität erhielt. Die Besetzung von Professorenstellen war längst zu einem Politikum geworden, das wusste auch Lorenz. Als Österreich 1938 dem Deutschen Reich angegliedert wurde, sah der gebürtige Wiener seine Chance auf eine akademische Stelle gekommen. Er beantragte am 28. Juni 1938 die Mitgliedschaft in die NSDAP in einem längeren Brief, in dem er seine Verbundenheit mit dem Deutschen Reich und den Idealen des Nationalsozialismus herausstellte. Überdies wurde er Mitarbeiter des *Rassenpolitischen Amtes* und ließ sich in Babelsberg zum Redner ausbilden. 1940 war es dann soweit. Lorenz erhielt die Professur für Vergleichende Psychologie an der Universität von Königsberg mit offiziellem Dienstantritt zum 1. Januar 1941.

Vielleicht war es nur ein naiver Schritt eines politisch unbedarften Biologen, der mit allen Mitteln seine akademische Laufbahn weiterverfolgte. Jedenfalls ging er den eingeschlagenen Weg weiter, publizierte Aufsätze, die im Kreise seiner Fachkollegen wegen ihrer ideologischen Nähe zum rassistischen Gedankengut des

Hitlerregimes als bewusste Anbiederung und „Selbstgefährdung als Wissenschaftler" empfunden wurde.

Schon im Oktober desselben Jahres wurde er zum Militärdienst berufen. Er arbeitete als Psychologe und Neurologe in Posen und wurde dann im April 1944 als Truppenarzt an die Ostfront versetzt. Bald darauf geriet er in russische Kriegsgefangenschaft. Im Februar 1948 konnte er nach Österreich zurückkehren und richtete eine private Vogelstation in Altenberg ein. Sie durfte ab 1949 den imposanten Titel *Institut für Vergleichende Verhaltensforschung unter der Leitung der Österreichischen Akademie der Wissenschaften* führen. Die finanzielle Förderung war indes gering. So schrieb Lorenz populärwissenschaftliche Bücher, um den finanziellen Spielraum seines Institutes etwas zu vergrößern. Gleichzeitig sondierte er die Möglichkeiten zur Fortführung seiner akademischen Laufbahn. Seine Bewerbung auf eine Professur für Zoologie in Graz scheiterte aufgrund seiner Vergangenheit. Um einem Angebot aus England entgegenzutreten, richtete schließlich die deutsche *Max-Planck-Gesellschaft* kurz entschlossen in Buldern, Westfalen, ein Forschungsinstitut ein, das unter der Schirmherrschaft des Max-Planck-Instituts für Meeresbiologie in Wilhelmshaven stand. Die Leitung hatte Erich von Holst (1908–1962).

Als 1956 das neu errichtete *Max-Planck-Institut für Verhaltensphysiologie* am oberbayerischen Eßsee, auch bekannt als MPI Seewiesen, bezugsfertig war, wurden von Holst dessen erster Direktor und Konrad Lorenz sein Stellvertreter. Nach von Holsts frühem Tod wurde Konrad Lorenz sein Nachfolger als Direktor des Instituts. Er blieb bis zu seiner Emeritierung in Seewiesen tätig und kehrte dann wieder in seine Heimat nach Altenberg bei Wien zurück, wo er mit Unterstützung der *Österreichischen Akademie der Wissenschaften* bis zu seinem Tod am 27. Februar 1989 weiterarbeiten konnte.

Es ist das große unbestrittene Verdienst von Konrad Lorenz, dass er die Verhaltensforschung als eigene Fachrichtung innerhalb der Biologie etabliert hat. Mit seinen Arbeiten stieß er eine Vielzahl weitergehender Untersuchungen an. Auch die Methodik der Fachrichtung wurde ständig weiterentwickelt. Angesichts dieser rasanten Entwicklung konnte es nicht ausbleiben, dass viele der von Lorenz veröffentlichten Deutungen tierischer Verhaltensweisen inzwischen als wissenschaftlich überholt gelten. Im Besonderen betrifft dies seine Instinkttheorie. Nach Klaus Immelmann (1935–1987) vermag sie keineswegs eine echte Erklärung der zugrunde liegenden Vorgänge zu geben. Wolfgang Wickler (*1931) bezeichnete sie kurzerhand als „modernes Phlogiston". Sie wird daher heute nicht mehr als Arbeitshypothese genutzt. Prägung ist im Übrigen auch kein Begriff, den Lorenz entwickelt hat. Ausdrücklich bezog er sich diesbezüglich auf Oskar Heinroth (1871–1945). Selbst den Vorgang der Prägung hat Lorenz nicht entdeckt. Sie wurde erstmals 1873 von dem Briten Douglas Alexander Spalding (1840–1877) beschrieben. Die bereits verstorbene Bonner Verhaltensforscherin Prof. Hanna-Maria Zippelius (1922–1994), die einige der klassischen Verhaltensstudien überprüfte, kam am Ende zu der Erkenntnis, dass von einer glaubwürdigen experimentellen Grundlage der Arbeitsergebnisse von Konrad Lorenz nicht gesprochen werden könne. Unter anderem seien Ergebnisse im Licht der theoretischen Annahmen gedeutet worden, was einen Zirkelschluss bedeute.

Seine Nähe zur NS-Ideologie kennzeichnet die amerikanische Wissenschaftshistorikerin Theodora Kalikow als „bewussten Opportunismus". Er gründe, so ihre Analyse, auf der Ansicht, dass Domestikation Anzeichen von Degeneration trage und bei Mensch und Tier gleichermaßen in Erscheinung trete. So wie in der Tier- und Pflanzenzucht eine in Bezug auf das Zuchtziel ausgerichtete Auslese erfolge, müsse auch beim Menschen verfahren werden. Jugendkriminalität, Homosexualität und ein allgemeiner Verfall der Sitten seien die Folge fehlender Auslese beim Menschen. Zunehmende Selbstdomestikation entwickle sich folglich zunehmend zu einer existentiellen Bedrohung für die Menschheit. Lorenz habe diese Haltung auch nach dem Ende der NS-Zeit wiederholt vorgetragen und vertreten. Eine auf Erfolg ausgerichtete Gesellschaft müsse nach der Vorstellungswelt von Konrad Lorenz politisch und genetisch manipuliert werden.

WERKE

Lorenz, K. Z., 1935: Der Kumpan in der Umwelt des Vogels. München, 206 S.

Lorenz, K. Z., 1949: Er redete mit dem Vieh, den Vögeln und den Fischen. Wien, 254 S.

Lorenz, K. Z., 1949: So kam der Mensch auf den Hund. Wien, 234 S.

Lorenz, K. Z., 1963: Das sogenannte Böse. Zur Naturgeschichte der Aggression. Wien, 415 S.

Lorenz, K. Z., 1965: Über tierisches und menschliches Verhalten. Stuttgart, 2 Bde., 818 S.

Lorenz, K. Z., 1973: Die acht Todsünden der zivilisierten Menschheit. München, 112 S.

Lorenz, K. Z., 1973: Die Rückseite des Spiegels. Versuch einer Naturgeschichte des menschlichen Erkennens. München, 338 S.

Lorenz, K. Z., 1978: Vergleichende Verhaltensforschung oder Grundlagen der Ethologie. Berlin, Heidelberg, New York, Hongkong, London, Mailand, Paris, Tokio, 307 S.

Ernst Walter Mayr

(5.7.1904–3.2.2005)

Unter den 100 bedeutendsten Wissenschaftlern aller Zeiten gebührt ihm nach Meinung vieler Kollegen einer der vorderen Plätze. Der in Bayern geborene Evolutionsbiologe, der an der berühmten Harvard University 44 Jahre lang forschte und lehrte, hat mit seinen Arbeiten dazu beigetragen, dass die Evolutionstheorie von Darwin und Wallace mit den von Mendel entdeckten genetischen Gesetzmäßigkeiten zu einer neuen, der sogenannten *Synthetischen Evolutionstheorie* verschmelzen konnte. Damit führte er die Evolutionsbiologie aus der Sackgasse. Gäbe es den Nobelpreis für Biologie, wäre er einer seiner ersten Anwärter.

Im Jahr 1900 zog das noch kinderlose Paar Helene und Otto Mayr von Eichstädt nach Kempten im Allgäu. Sie blieben nur knapp acht Jahre, denn der Vater konnte bald eine Stelle als 1. Staatsanwalt in Würzburg antreten. In Kempten aber kamen ihre drei Jungen zur Welt. Ernst Walter war der mittlere und wurde am 5. Juli 1904 geboren. Später wurde der Vater Oberlandesgerichtsrat in München, was mit einem neuerlichen Wechsel des Wohnortes verbunden war. Auf den zahlreichen Ausflügen, die die Familie stets unternahm, hatte Ernst Walter ausreichend Gelegenheit, Tiere und Pflanzen kennenzulernen. Besonders die heimische Vogelwelt faszinierte ihn. Der Vater, der als Jurist bereits aus der langen Medizinertradition der Familie ausgeschert war, förderte sein Interesse an der Natur und ermunterte ihn zu weiteren Beobachtungen. Als der Vater während des Ersten Weltkriegs 40-jährig an Krebs starb, verließ die Mutter mit ihren Kindern Bayern und zog nach Dresden, wo Ernst Walter mit dem Abitur die Hochschulreife erlangte. Aufgrund der vielen Umzüge der Familie, erklärte Mayr später, könne man sagen, dass er nur zufällig in Kempten geboren sei.

Noch als Schüler verfasste er seine erste wissenschaftliche Arbeit über eine seltene Entenart, die er in der Umgebung seines Wohnortes bei Moritzburg entdeckt hatte. Seine vogelkundlichen Interessen führten ihn auch nach Berlin zum seinerzeit führenden deutschen Ornithologen Erwin Stresemann (1889–1972). Dieser riet ihm, Zoologie zu studieren. Doch Ernst Mayr besann sich auf die lange medizinische Familientradition und begann an der Ernst-Moritz-Arndt-Universität in Greifswald mit dem Medizinstudium, das er mit dem Physikum abschloss. Erst danach wechselte er zur Zoologie und ging nach Berlin zu Erwin Stresemann. Mit einer ornithologischen Arbeit wurde er mit 21 Jahren promoviert. Eine Assistentenstelle bei seinem Doktorvater lehnte er ab. Er wollte lieber nach Art der großen Entdecker Reisen in andere Erdteile unternehmen. Die Gelegenheit hierzu erhielt er bald. Auf Vermittlung Stresemanns konnte er 1927 beim Internationalen Zoologenkongress in Budapest die Bekanntschaft mit dem begeisterten Vogelsammler Baron Lionel Walter Rothschild (1868–1937) machen. Mayr konnte für ihn nach Neuguinea, heute ein Teil Indonesiens, reisen, um dort die sagenhaften Paradiesvögel zu sammeln. Weitab der Kolonistenpfade lernte er die unberührten tropischen Wälder kennen. Seine Führer gehörten zu einem Volk, das als Kopfjäger verschrien war, und so kursierten in Deutschland schon bald die wildesten Gerüchte. Dank des unschätzbaren Wissens der indigenen Menschen fand Mayr zahlreiche bis dato der Wissenschaft unbekannt gebliebene Pflanzen und Tiere. Zufällig traf er schließlich auf eine Gruppe von Wissenschaftlern, die sich im Auftrag des *American Museum of Natural History* in Neuguinea aufhielten. Er wurde eingeladen, mit ihnen gemeinsam die Salomon-Inseln zu durchstreifen.

Als Mayr 1930 nach 30 Monaten Aufenthalt in den Tropen nach Berlin zurückkehrte, konnte er 26 Vogel- und 38 Orchideenarten neu beschreiben und im darauffolgenden Jahr in New York am seinerzeit größten naturwissenschaftlichen Museum eine Stelle als Kurator der ornithologischen Sammlungen antreten. Dank seiner guten Kontakte zu Baron Rothschild gelang es ihm, dessen Sammlung für das New Yorker Museum zu erwerben.

Als sich die politischen Verhältnisse in seiner deutschen Heimat unerträglich veränderten, siedelte er 1935 endgültig in die USA über. Mit seiner Frau Margarete Simon, die er im gleichen Jahr heiratete, hatte er zwei Töchter und erlebte 55 gemeinsame Jahre.

Die reichhaltigen Sammlungen des Museums und die Eindrücke seiner Asienreise führten ihn zunehmend zur Frage nach der erdgeschichtlichen Entwicklung einer solch großartigen Formenvielfalt. Er fühlte sich in einer vergleichbaren Situation wie seinerzeit Charles Darwin und Alfred Wallace, die ihre Evolutionstheorie noch ganz ohne Kenntnis der Vererbungsregeln entwickelt hatten. Dies erwies sich angesichts des rasanten Erkenntnisgewinns in der Genetik zunehmend als Problem. Mit seiner neuen Definition für die Art als einer von anderen Arten genetisch isolierten Fortpflanzungsgemeinschaft überwand er die Schwächen von Darwin und Wallace. Unter seiner gedanklichen Führung entstand eine neue Evolutionstheorie, die man *Synthetische Evolutionstheorie* nennt, weil sie die Elemente Darwins mit dem Wissen der Vererbungslehre zu einem einheitlichen Gedankengebäude verbindet. Sie hatte auch Auswirkungen auf die praktische Arbeit der Biologen, da sie nun gezwungen waren, die zoologische Systematik der neuen, erweiterten Sichtweise anzupassen.

1953 wurde Ernst Mayr zum *Alexander Agassiz Professor of Zoology* der Harvard University berufen. An seiner neuen Wirkungsstätte blieb er bis zu seinem Lebensende ein unermüdlicher Verfechter der Evolutionstheorie. 1961 wurde er Direktor des Museums der Harvard University und blieb in dieser Funktion bis 1970. Seine Emeritierung im Jahr 1975 bedeutete für ihn längst nicht das Ende seiner wissenschaftlichen Tätigkeit. Zu einem Schwerpunkt seiner Arbeit entwickelte sich zunehmend die Wissenschaftsgeschichte. Nach kurzer Krankheit starb er hundertjährig in Bedford, Massachusetts.

Das Lebenswerk Ernst Mayrs wurde mit rund 20 Doktortiteln und der Ehrendoktorwürde der Universität Konstanz geehrt. Er erhielt zahlreiche höchste internationale Auszeichnungen, darunter den *Balzan-Preis*, den *International Prize of Biology*, den *Crafoord-Preis* und die *Linnean Medaille* der *Linnean Society of London*. Für seine Beiträge zur Geschichte der Biologie wurde er zudem 1986 mit der *George-Sarton-Medaille* ausgezeichnet. Der Nobelpreis blieb ihm versagt, weil, wie er selbst einmal äußerte, die Evolutionsbiologie bei der Verleihung dieses Preises nicht berücksichtigt werden würde.

WERKE

Mayr, E. W., *1942: Systematics and the Origin of Species from the Viewpoint of a Zoologist. New York, 334 S.*

Mayr, E. W., *1945: Birds of the Southwest Pacific. A field guide to the birds of the area between Samoa, New Caledonia, and Micronesia. New York, 316 S.*

Mayr, E. W., *1953: Methods and Principles of Systematic Zoology. New York, 336 S.*

Mayr, E. W., *1967: Animal Species and Evolution. Cambridge, 797 S.*

Mayr, E. W., *1967: Artbegriff und Evolution. Hamburg, 617 S.*

Mayr, E. W., *1975: Grundlagen der zoologischen Systematik. Theoretische und praktische Voraussetzungen für Arbeiten auf systematischem Gebiet. Hamburg, Berlin, 370 S.*

Mayr, E. W., *1982: The Growth of Biological Thought. Diversity, Evolution, and Inheritance. London, 974 S.*

Mayr, E. W., *1984: Die Entwicklung der Biologischen Gedankenwelt: Vielfalt, Evolution und Vererbung. Berlin, Heidelberg, New York, Hongkong, London, Mailand, Paris, Tokio, 766 S.*

Mayr, E. W., *1988: Toward a New Philosophy of Biology. Observations of an Evolutionist. Cambridge, 564 S.*

Mayr, E. W., *1991: Eine neue Philosophie der Biologie. München, 269 S.*

Mayr, E. W., *1991: One long argument: Charles Darwin and the Genesis of Modern Evolutionary Thought. Cambridge, 195 S.*

Mayr, E. W., *1991: ... und Darwin hat doch recht. München, 239 S.*

Mayr, E. W., *1998: This is Biology: The Science of the Living World. Cambridge, 328 S.*

Mayr, E. W., *1998: Das ist Biologie – Die Wissenschaft des Lebens. Heidelberg, Berlin, 439 S.*

Mayr, E. W., *2001: What Evolution is. New York, 378 S.*

Mayr, E. W., *2003: Das ist Evolution. München, 320 S.*

Mayr, E. W., *2005: Konzepte der Biologie. Stuttgart, 224 S.*

Mayr, E. W., *2005: What makes Biology unique? Considerations on the autonomy of a scientific discipline. Cambridge, 232 S.*

ERWIN BÜNNING

(23.1.1906–4.10.1990)

Der Entdecker der Inneren Uhr bei Pflanzen gilt als einer der Begründer der Chronobiologie. Diese biologische Fachrichtung untersucht die zeitliche Organisation von lebenden Organismen. Sich in einem bestimmten Zeitmuster wiederholende Lebensvorgänge unterliegen einer inneren zeitlichen Steuerung. Bünnings Forschungsschwerpunkt bildeten photoperiodische Reaktionen bei Pflanzen.

Der gebürtige Hamburger Wissenschaftler begann 1931 seine wissenschaftliche Laufbahn als Privatdozent an der berühmten Friedrich-Schiller-Universität in Jena. Sieben Jahre später wurde er als außerordentlicher Professor an die ehrwürdige, fast 400 Jahre alte Albertina-Universität in Königsberg berufen, wo er bis 1941 forschte und lehrte. Die weiteren Stationen waren Straßburg und ab 1945 die Universität zu Köln. 1946 wurde er zum Ordinarius und Direktor des botanischen Instituts an die Eberhard-Karls-Universität Tübingen mit ihrem weltberühmten Botanischen Garten berufen. Hier arbeitete er bis zu seinem Tod am 4. Oktober 1990. Sein berühmtester Schüler ist der Freiburger Botaniker Hans Mohr (*1930), dessen *Lehrbuch der Pflanzenphysiologie* ein anerkanntes Standardwerk der Botanik ist.

WERKE

Bünning, E., *1939: Die Physiologie des Wachstums und der Bewegungen.* Berlin, *267 S.*

Bünning, E., *1944: Endogene Tagesrhytmik und Photoperiodismen bei Kurztagpflanzen. Biochem. Zentralbl. 64: 161–183.*

Bünning, E., *1945: Theoretische Grundfragen der Physiologie. Jena, 116 S.*

Bünning, E., *1947: In den Wäldern Nord-Sumatras. Reisebuch eines Biologen. Berlin, 187 S.*

Bünning, E., *1948: Entwicklungs- und Bewegungsphysiologie der Pflanze. Berlin, 464 S.*

Bünning, E., *1956: Der tropische Regenwald. Berlin, Heidelberg, New York, Hongkong, London, Mailand, Paris, Tokio, 118 S.*

Bünning, E., 1958: Die physiologische Uhr: Circadiane Rhythmik und Biochronometrie. Berlin, 105 S.

Bünning, E., 1963: Die physiologische Uhr: Zeitmessung in Organismen mit ungefähr tagesperiodischen Schwingungen. Berlin, 153 S.

NIKOLAAS TINBERGEN

(15.4.1907–21.12.1988)

Der Niederländer Tinbergen lehrte in den 1940er Jahren an der Universität Leiden und wechselte dann nach Oxford, wo er bis zu seinem Tod wirkte. Zusammen mit Konrad Lorenz (1903–1989) und Karl von Frisch (1886–1982) wurde Nikolaas Tinbergen 1973 für seine Forschungen mit dem Nobelpreis für Physiologie oder Medizin ausgezeichnet. Er erhielt den höchsten Wissenschaftspreis für seine Leistungen auf dem Gebiet der Verhaltensforschung, deren Entwicklung zu einem eigenständigen Wissenschaftszweig von ihm vor allem im angloamerikanischen Raum wesentlich mitgetragen wurde. Von ihm geprägte Begriffe sind längst in den allgemeinen Sprachgebrauch eingegangen, seine wissenschaftlichen Experimente sind zu Klassikern der biologischen Forschung geworden, spielen aber in der heutigen Ethologie nur noch eine untergeordnete Rolle.

Die Ahnengalerie der Familie Tinbergen lässt sich bis in das 15. Jahrhundert zurückverfolgen. Die Familie war ursprünglich auf einem Landgut im Osten der Niederlande beheimatet. Nikolaas Tinbergen wurde am 15. April 1907 an der Westküste in Den Haag geboren. Der Vater, Dirk Tinbergen, war ein promovierter Lehrer und anerkannter Experte für Alt-Niederländisch, seine Mutter, Jeanette van Eek, ebenfalls Lehrerin. Nikolaas hatte eine ältere Schwester, zwei ältere Brüder, von denen einer kurz nach der Geburt starb und zwei jüngere Brüder. Sein ältester Bruder, Jan Tinbergen, ist ebenfalls Nobelpreisträger.

In der sehr liberal gesinnten Familie wuchsen die sechs Kinder in einem harmonischen Umfeld auf. Die Eltern legten Wert auf eine erstklassige Schulbildung und förderten die unterschiedlichen Interessen ihrer Kinder nach Kräften. Nikolaas konnte sich mehrere Aquarien einrichten und ausgiebig Sport treiben. Im Feldhockey brachte er es bis zum Nationalspieler, im Stabhochsprung stellte er einen inoffiziellen Landesrekord auf. Daneben fand er schon früh zur Naturfotografie, die er bis zu seinem Tod leidenschaftlich betrieb.

Die Schule fand er langweilig. Entsprechend schlechte Noten waren die Quittung für sein mäßiges Engagement. Auch sein Abiturzeugnis fiel in allen Fächern, außer Sport, mehr als durchschnittlich aus. Angesichts dieser Erfahrungen zeigte er zunächst wenig Interesse für ein Studium. Stattdessen reiste er auf Anraten seines ehemaligen Biologielehrers im August 1925 zur Vogelwarte Rossitten auf der Kurischen Nehrung in Ostpreußen, die von dem bekannten Ornithologen Johannes Thienemann (1863–1938) geleitet wurde. In den Dünen widmete er sich der Tierfotografie, Elche und Vögel waren seine bevorzugten Motive. Von Thienemann und den von ihm durchgeführten Vogelberingungen hielt sich fern. Der Abschied aus Rossitten fiel entsprechend kühl aus.

Wieder in Holland begann er im November 1925 eher widerstrebend das Biologiestudium in Leiden. Er war einer von neun Erstsemestern im Fach Biologie. Der Unterricht beschränkte sich weitgehend auf vergleichende Anatomie und Evolutionslehre im Sinne Darwins. Die Biologie, die er sich gewünscht hatte, fand nicht statt. Dennoch schloss er 1930 sein Studium erfolgreich ab. In seiner Dissertation schrieb er über die Orientierungsleistung und das Lernvermögen einer Grabwespe, ein ungewöhnliches Thema und die erste verhaltensbiologische Arbeit, die in den Niederlanden als Dissertation angenommen worden ist.

Am 12. April 1932 wurde er mit seiner nur 29 Seiten starken Arbeit zum Doktor der Philosophie promoviert.

Er heiratete zwei Tage später seine langjährige Freundin, die Chemiestudentin Elisabeth Amelie Rutten, und reiste im Juli mit seiner Frau und vier Kollegen zu Studienzwecken für mehr als ein Jahr nach Grönland. Die wissenschaftliche Ausbeute dieser Forschungsreise war, abgesehen von seinem Buch *Eskimoland*, in dem er das Leben der Inuit so beschreibt, wie es vor der „Verwestlichung" gewesen war, dürftig.

Zurück in Leiden gestattete man ihm an der Universität, ein neuartiges verhaltensbiologisches Praktikum vorzubereiten. Im Zuge dieser Arbeiten stieß er auf den Namen eines jungen Wiener

Privatgelehrten, der einen Artikel über das Verhalten der Dohlen geschrieben hatte: Konrad Lorenz. Man tauschte sich aus und vereinbarte ein Treffen. Eine Tagung zum Thema *Instinkte*, die am 28. November 1936 in Leiden stattfand, bildete den Rahmen für das erste Treffen der beiden Verhaltensforscher. Es war der Beginn einer lebenslangen Freundschaft. Tinbergen wurde sogleich nach Wien eingeladen und konnte den ganzen nächsten Sommer als Gast bei Lorenz verbringen. Das Ergebnis der gemeinsamen Arbeiten dieses Sommers waren viel beachtete Verhaltensstudien an Graugänsen. Im darauffolgenden Jahr reiste Tinbergen in die USA, wo er in New York mit dem schon damals bekanntesten Evolutionsbiologen, dem Deutschamerikaner Ernst Mayr (1904–2005), zusammentraf. Die Begegnung hatte großen Einfluss auf Tinbergen. Vermehrt flossen von nun an ökologische und evolutionsbiologische Betrachtungen in seine Verhaltensstudien ein.

Seine Praktika erfreuten sich zunehmender Beliebtheit, so dass Tinbergen am 24. Januar 1940 im Alter von 32 Jahren zum Professor für experimentelle Zoologie an der Universität Leiden ernannt wurde. Bereits am 10. Mai desselben Jahres erreichte der Zweite Weltkrieg mit dem Einmarsch deutscher Truppen die Niederlande. Tinbergen erlebte, wie nach und nach Hochschullehrer jüdischer Abstammung Amt und Würden verloren. Als der Widerstand gegen die Maßnahmen der deutschen Besatzung zunahm, wurde die gesamte Universität bald darauf kurzerhand ganz geschlossen. Tinbergen und viele seiner Kollegen legten aus Protest ihr Amt nieder. Sie wurden prompt verhaftet und im Lager Beekvliet interniert. Das Leben im Lager gestattete Tinbergen, ein Manuskript für ein verhaltensbiologisches Lehrbuch zu verfassen. Es war bereits abgeschlossen, als die vorrückenden Alliierten am 11. September 1944 die Insassen befreiten und das Lager wieder auflösten. Unter dem Titel *Einführung in die Tiersoziologie* erschien es im Jahr 1946.

Nach Kriegsende ging der Wiederaufbau der ausgeplünderten und teilweise zerstörten Universität nur langsam voran. Wegen der kriegsbedingten Unterbrechung war die Zahl der Studenten zunächst sehr hoch. Tinbergen begann 1946 mit 16 Biologiestudenten mit den ersten verhaltensbiologischen Studien. Die durch den Krieg zwangsweise unterbrochenen Kontakte zu ausländischen Forscherkollegen wurden allmählich wieder aufgenommen. Vor allem mit England und den USA bahnte Tinbergen einen engen Kontakt an. Zunächst wurde er nach Oxford und Cambridge eingeladen, dann reiste er im Herbst für drei Monate in die USA und Kanada. Abermals traf er mit Ernst Mayr, der auch die Reise organisiert hatte, in New York zusammen.

Im Kollegenkreis regte er erfolgreich die Gründung einer neuen Fachzeitschrift für Verhaltensforschung an, nachdem die deutsche Zeitschrift für Tierpsychologie ihr Erscheinen eingestellt hatte. Die erste Ausgabe der *Behaviour* erschien 1947/48, sie entwickelte sich zu einer der drei großen international anerkannten, ethologisch ausgerichteten Fachzeitschriften. Der englische Titel war bewusst gewählt. Deutsch war als Folge des Krieges nicht länger die führende Wissenschaftssprache.

Im März 1949 siedelte Tinbergen mit seiner Familie dauerhaft nach Oxford über. Er begründete diesen Schritt 1985 rückblickend damit, dass er sich dazu berufen sah, den aufstrebenden Wissenschaftszweig der Ethologie im englischen Sprachraum zu etablieren. In finanzieller Hinsicht war der Neuanfang in England sicher ein Abenteuer, denn er musste als *Demonstrator* auf der untersten Stufe der akademischen Leiter beginnen mit der vagen Aussicht, zum *Lecturer* aufzusteigen.

Mit einer in Oxford neu formierten Arbeitsgruppe setzte er alsbald seine Felduntersuchungen fort. Neben Stichlingen und Möwen, die er schon in seiner Leidener Zeit beobachtet hatte, arbeitete die Gruppe nun auch mit Hummeln, Fröschen und verschiedenen Vogelarten. Aus gesundheitlichen Gründen zog sich Tinbergen jedoch immer mehr aus der aktiven Forschung zurück und widmete sich verstärkt der Tierfotografie. Sein größter Erfolg wurde ein Film über das Brutverhalten von Vögeln, den die BBC ausstrahlte.

Immer mehr versuchte Tinbergen nun, die an Tieren gewonnenen Einsichten auf das menschliche Verhalten zu übertragen. Zusammen mit seiner Frau stellte er die Hypothese auf, dass die Ursache für frühkindlichen Autismus eine nicht erfolgte Bindung des Kindes an die Mutter sei. Diese, wie auch seine Deutungen zu Krieg und Frieden, stießen auf heftigen Widerspruch. Als er statt eines Referates seiner eigenen Forschungen diese Thesen anlässlich der Verleihung des Nobelpreises im Jahre 1973 in seiner Festrede erneut vortrug, kam es zum Eklat.

Auch seine verhaltensbiologischen Arbeiten blieben nicht unwidersprochen. Für Schlagzeilen und heftige Diskussionen sorgten vor allem die Untersuchungen der Bonner Biologin Hanna-Maria Zippelius (1922–1994), die viele der von Tinbergen durchgeführten Versuche nicht reproduzieren konnte. Weder bevorzugten die von ihr getesteten Möwen im Wahlversuch größere Eier gegenüber normal großen, noch besaßen Silbermöwen eine angeborene Kenntnis ihrer Eltern. Auch die von Tinbergen gegebene Interpretation der Bedeutung des roten Bauches beim Stichlingsmännchen konnte sie im Experiment nicht bestätigen. Damit wurden wesentliche Belege für die von Konrad Lorenz und Nikolaas Tinbergen entwickelte *Instinkttheorie* widerlegt. Die Theorie konnte folglich nicht länger die Grundlage für ethologische Arbeiten bilden und spielt heute in der Tat keine Rolle mehr.

Tinbergen wurde in England nicht wirklich glücklich. Er hatte seine niederländische Heimat aufgegeben und konnte in England nicht heimisch werden. Immer wieder durchlebte er Phasen tiefer Depressionen und konnte wochenlang nicht arbeiten. Nach seiner Pensionierung verschlimmerte sich sein Zustand zusehends. Er erlitt mehrere Schlaganfälle und starb am 21. Dezember 1988 in seiner Wahlheimat Oxford. Statt einer Trauerfeier wünschte er sich eine Vermächtniskonferenz mit ehemaligen Studenten und Kollegen. Sie fand im Frühjahr 1990 in Oxford statt.

WERKE

Tinbergen, N., 1942: *An Objectivistic Study of the Innate Behaviour of Animals*. Bibliotheca Biotheor. 1: 39–98.

Tinbergen, N., 1951: *The Study of Instinct*. Oxford, 228 S.

Tinbergen, N., 1952: *Instinktlehre. Vergleichende Erforschung angeborenen Verhaltens*. Berlin, 237 S.

Tinbergen, N., 1953: *Social Behavior in Animals. With Special Reference to Vertebrates*. London, 150 S.

Tinbergen, N., 1954: *Bird Life*. London, 64 S.

Tinbergen, N., 1955: *Tiere untereinander. Soziales Verhalten bei Tieren insbesondere Wirbeltieren*. Berlin, Hamburg, 150 S.

Tinbergen, N., 1961: *Wo die Bienenwölfe jagen – Neugierige Forscher in freier Natur*. Berlin, Hamburg, 228 S.

Tinbergen, N., 1967: *Tierbeobachtungen zwischen Arktis und Afrika – Forscherfreuden in freier Natur*. Berlin, Hamburg, 228 S.

Tinbergen, N., 1972: *Das Tier in seiner Welt. Bd. I: Freilandstudien.* München, 372 S.

Tinbergen, N., 1972: *Early Childhood Autism – An Ethological Approach.* Berlin, 53 S.

Tinbergen, N., 1976: *Tiere und ihr Verhalten. Das farbige Life-Bildsachbuch.* Hamburg, 190 S.

Tinbergen, N., 1978: *Das Tier in seiner Welt. Bd. II: Laborversuche und Schriften zur Ethologie.* München, Zürich, 242 S.

Tinbergen, N. & Tinbergen, E. A., 1984: *Autismus bei Kindern. Fortschritte im Verständnis und neue Heilbehandlungen lassen hoffen.* Berlin, 332 S.

RACHEL LOUISE CARSON

(27.5.1907–14.4.1964)

Mit ihrem Buch *Silent Spring*, das im Deutschen unter dem Titel *Der stumme Frühling* erschienen ist, versetzte Carson der gesamten Welt einen heilsamen Schock. *Stummer Frühling* wurde zum Begriff für Umweltzerstörung und Verlust von Lebensqualität. Mit einem Mal war jedem bewusst, was angesichts der rasanten ökonomischen Entwicklung verloren zu gehen drohte. Das Buch leitete die Wende in der Umweltpolitik und in der Agrarwirtschaft in den USA und auch in Europa ein. Umweltschützer kämpfen seitdem für saubere Luft, reines Wasser und gesunde Lebensmittel. Der Naturschutz wurde zu einem zentralen Thema in der breiten Öffentlichkeit. Der Erhalt der Artenvielfalt, die Renaturierung von Lebensräumen und die Reinhaltung der Gewässer entwickelten sich zu einer elementaren Aufgabe in der kleinen wie der großen Politik. Die amerikanische Schriftstellerin und Ökologin, Rachel Carson, wird heute als *Mutter der Umweltschutzbewegung* verehrt.

Sie war das jüngste von drei Kindern der Familie Carson. Die Mutter, eine Pfarrerstochter, war Lehrerin und Sängerin, der Vater betrieb eine Tafelobstplantage in Springdale, nahe der Großstadt Pittsburgh in Pennsylvania. Schon früh interessierte sie sich für Tiere und schrieb Tiergeschichten. Als beste Schülerin ihrer Klasse beendete sie ihre Schulzeit. Sie wollte Schriftstellerin werden und schrieb sich am Pennsylvania College for Women für das Fach

Englisch ein. 1928 wechselte sie zur Biologie und erhielt 1929 ihren *Bachelor's degree*. Ihr weiterer Weg führte sie über das Marine Biological Laboratory in Woods Hole, Massachusetts, zur John Hopkins University, wo sie 1932 das Studium mit dem Magister abschloss. Ab 1931 hatte sie einen Lehrauftrag an der University of Maryland. Außerdem unterrichtete sie an der Johns Hopkins Summer School. Als ihr Vater 1935 starb, spitzte sich die finanzielle Situation der Familie zu. Tochter Rachel musste zurück zu ihrer Mutter nach Springdale. Ihre Doktorarbeit blieb unvollendet.

1936 fand Carson Arbeit als wissenschaftliche Autorin bei der Fischereibehörde. Mehrere Jahre schrieb sie überwiegend langweilige Werbeartikel.

Ihr erstes Buch, ein allgemeiner Abriss über die Tierwelt der Meere, erschien 1941 zu einem denkbar unglücklichen Zeitpunkt, denn die Öffentlichkeit schaute nach Hawaii. Der Angriff auf Pearl Harbor beherrschte die amerikanische Gesellschaft und führte die USA schließlich in den Krieg. So war der Erfolg des Buches zunächst eher bescheiden. Sie schrieb weitere Bücher über ähnliche Themen. Dann kam die Wende für sie als Autorin, ihr Werk *The Sea Around Us* wurde mit dem *National Book Award* ausgezeichnet. Die Verkaufszahlen schnellten nach oben, und Carson konnte fortan als freie Autorin auf eigenen Beinen stehen. Sie kündigte 1952 ihre Stelle und zog nach West Southport bei Maine, wo sie ein Grundstück direkt am Meer erwerben konnte. Dort wohnte sie zusammen mit ihrem Cousin, den sie nach dem Tod seiner Mutter adoptierte.

Die Biografie von Rachel Carson war von nun an eng verwoben mit dem Aufstieg und Fall eines vermeintlichen Wundermittels der amerikanischen Chemieindustrie – DDT (Dichlordiphenyltrichlorethan). Als die ersten Tests in den vierziger Jahren eine hohe Wirksamkeit gegen schädliche Insekten und nur geringe Giftwirkung auf Säugetiere anzeigten, begann eine geradezu euphorische Anwendung. Sie gipfelte 1948 in der Verleihung des Nobelpreises für Medizin oder Physiologie an den Entdecker der Pestizidwirkung des DDT, an den Schweizer Paul Hermann Müller (1899–1965).

Doch 1950 kamen erste Zweifel an der Unschädlichkeit dieses Mittels auf. Das fettlösliche DDT reicherte sich in der Nahrungskette an und wurde über die Muttermilch an Babys weitergegeben. Ganz zaghaft formierte sich vereinzelter Widerstand. Rachel Carson, die diese Entwicklung von Anfang an aufmerksam verfolgte, schrieb ihren ersten kritischen Text zum DDT, der 1958 in Auszügen im *New Yorker* abgedruckt wurde.

Bestärkt von besorgten Bürgern ihrer Heimatstadt beschäftigte sie sich fortan intensiv mit dem Thema DDT. Sie las Tausende von Fachbeiträgen, konsultierte Wissenschaftler in Amerika und Europa und begann wie viele andere Journalisten, Artikel über DDT und seine Gefährlichkeit zu schreiben. Sie selbst musste in dieser Zeit mehrere Schicksalsschläge hinnehmen. Erst starb ihre Mutter 1958 an Krebs, dann erkrankte sie selbst an dieser tückischen Krankheit, konnte längere Zeit ihre Recherchen nicht weiterführen und wurde 1960 schließlich operiert.

1962 war ihr Buch vollendet, im Juni wurde es in einer Reihe von Artikeln auszugsweise im *New Yorker* abgedruckt. Die Veröffentlichungen versetzten die Vertreter der chemischen Industrie in helle Aufregung. Hektische Betriebsamkeit kennzeichnete daraufhin auch die Arbeit im *Federal Pest Control Review Board* (Kontrollkommission für Schädlingsbekämpfung der Regierung). Man beschimpfte sie beispielsweise als „alte Jungfer", die sich um Vererbung nicht zu sorgen brauchte. *Silent Spring* fand trotz alledem reißenden Absatz.

Aus kleinen lokalen Umweltschutzgruppen wurden einflussreiche Verbände. Das Buch versetzte eine ganze Nation in Aufruhr. Präsident J. F. Kennedy setzte eine Regierungskommission ein, die den heute als *Wiesner-Report* bekannten Bericht vorlegte.

Das Aus für die Anwendung von DDT im Jahr 1970 erlebte Rachel Carson nicht mehr. Sie erlag 1964 im Alter von 56 Jahren ihrer schweren Erkrankung.

Posthum wurde die Biologin und Journalistin 1980 mit der höchsten zivilen Auszeichnung, der *Presidential Medal of Freedom* geehrt. Ihr Buch erlebte weitere Auflagen und erschien in mehreren Sprachen. Die 1994 erschienene Auflage enthält das Vorwort des aktuellen Nobelpreisträgers Al Gore.

Werke

Carson, R. L., *1941: Under the Sea Wind. A Naturalist's Picture of Ocean Life. New York*, 157 S.

Carson, R. L., *1943: Food From the Sea: Fish and Shellfish of New England. Washington, 74 S.*

Carson, R. L., *1944: Food From the Sea: Fish and Shellfish of the South Atlantic. Washington, 74 S.*

Carson, R. L., *1951: The Sea Around Us. New York, 232 S.*

Carson, R. L., *1955: The Edge of the Sea. New York, 276 S.*

Carson, R. L., *1962: Silent Spring. Boston, 127 S.*

Carson, R. L., *1962: Der stumme Frühling. München, 346 S.*

Carson, R. L., *1965: The Sense of Wonder. New York, 112 S.*

Bernhard Klemens Maria Grzimek

(24.4.1909–13.3.1987)

Mit seiner Fernsehsendung *Ein Platz für Tiere* wurde er zum bekanntesten Biologen; mit seiner Tierenzyklopädie *Grzimeks Tierleben* hat er die Tierkunde populär gemacht. Grzimek war Tierarzt, Zoologe, Verhaltensforscher, Moderator, Autor und Zoodirektor in Personalunion. Sein Film *Serengeti darf nicht sterben* wurde mit einem *Oscar* ausgezeichnet und hat den internationalen Tierschutz fest im Bewusstsein der Menschen verankert.

Der Vater, Paul Franz Constantin Grzimek, war Rechtsanwalt und Notar in Neisse, Oberschlesien. Hier wurde Sohn Bernhard als jüngstes von sechs Kindern am 24. April 1909 geboren. Zwischen 1915 und 1919 besuchte er die Volksschule und wechselte dann zum Realgymnasium seines Geburtsortes, wo er 1928 sein Abitur bestand. Der frühe Tod des Vaters im Jahr 1912 zwang den jungen Bernhard, bereits im Alter von 18 Jahren die elterliche Landwirtschaft mit Geflügelzucht und Spargelanbau weiterzuführen. Mit den Einnahmen konnte er sich ab 1928 ein Studium der Veterinärmedizin in Leipzig und Berlin leisten, das er 1932 mit dem Examen abschloss. Die Promotion zum Dr. med. vet. erfolgte 1933.

Zunächst war er am Preußischen Landwirtschaftsministerium angestellt und brachte es bis Januar 1938 zum Regierungsrat am Reichsernährungsministerium in Berlin. Sein Aufgabenbereich war die Bekämpfung von Seuchen bei Rindern und Geflügel. Im Rahmen dieser Verantwortlichkeit schrieb er unter anderem ein viel beachtetes Lehrbuch über Geflügelkrankheiten. Die durch

Lorenz und Tinbergen populär gewordene Verhaltensforschung bereicherte er durch eigene wissenschaftliche Studien an Menschenaffen, Pferden und Wölfen. Während des Zweiten Weltkrieges arbeitete er als Veterinär in der Wehrmacht und konnte dabei seine wissenschaftlichen Arbeiten fortsetzen.

Ab 17. Mai 1930 war er mit der zwei Jahre jüngeren Lehrerstochter Hildegard Prüfer verheiratet. Sie hatten die beiden Söhne Rochus und Michael sowie den Adoptivsohn Thomas. Anfang 1945 musste Grzimek seine Berliner Wohnung fluchtartig verlassen, da er von der Gestapo wegen der Unterstützung von hilfsbedürftigen Juden gesucht wurde. Er erreichte Detmold und kam im März 1945 in das durch Luftangriffe stark zerstörte Frankfurt am Main. Schon im April wurde er persönlicher Referent des von den Alliierten provisorisch eingesetzten Oberbürgermeisters Wilhelm Hollbach. Man kannte sich, da Grzimek lange Jahre für das *Illustrierte Blatt*, dessen Hauptschriftleiter Hollbach war, geschrieben hatte. Die Position eines Polizeipräsidenten lehnte Grzimek jedoch ab und übernahm stattdessen ab 1. Mai 1945 die Leitung des vollkommen zerstörten Frankfurter Zoologischen Gartens. Gerade einmal 20 größere Tiere besaß der Zoo am Anfang. Pläne aus den 20er Jahren, den Zoo im Umland neu aufzubauen, sollten umgesetzt, der alte Standort in Frankfurts Osten aufgegeben werden. Gemeinsam mit seinem Assistenten Richard Faust, der später sein Nachfolger als Direktor des Frankfurter Zoos wurde, erwachte der Zoo am angestammten Platz zu neuem Leben. Kriegsschäden wurden so gut es ging ausgebessert und die ersten Besucher am 1. Juli 1945 begrüßt. Bis zum Ende des Jahres konnte der Zoo mehr als eine halbe Million Besucher zählen. Die Attraktion waren in den ersten Jahren weniger die Tiere als die vielen Tanzveranstaltungen und Volksfeste innerhalb der Mauern des zerstörten Zoos. Er entwickelte sich in den nächsten Jahren zum größten Vergnügungspark Hessens. Schließlich wurden die Pläne für eine Umsiedlung in das Umland endgültig aufgegeben.

Immer wieder sah sich Grzimek mit haltlosen Vorwürfen über seine Rolle im Dritten Reich konfrontiert. Er wurde mehrfach beschuldigt, seine Mitgliedschaft in der NSDAP zu verschweigen. Schließlich stellten sich aber alle gegen ihn erhobenen Vorwürfe als unberechtigt heraus und Grzimek konnte in Ruhe weiterarbeiten.

Er unternahm ausgedehnte Reisen nach Afrika, Asien, Australien und Südamerika, seinen Sohn Michael immer an der Seite. Gemeinsam studierten sie den Lebensraum und das Verhalten der Tiere, um den in ihrer Obhut im Frankfurter Zoo lebenden Tieren optimale Bedingungen im Sinne einer artgerechten Haltung bieten zu können. Doch statt unberührter Natur fanden sie in Afrika eine von unkontrollierter Jagd dezimierte Großtierwelt vor, deren Lebensraum zudem durch eine um sich greifende Landnahme durch Bauern und Hirten mehr und mehr eingeengt wurde. Grzimek wandte sich an die Öffentlichkeit und machte die Bedrohung publik. Eine eigene Zeitschrift, *Das Tier*, sowie Film und Fernsehen wurden zur Plattform für seine Botschaft. Der erste große öffentliche Erfolg ist der Film *Kein Platz für wilde Tiere* aus dem Jahr 1956. Er erhielt den Bundesfilmpreis und wurde bei den Berliner Filmfestspielen mit dem Goldenen Bären ausgezeichnet. Das unter demselben Titel zuvor veröffentlichte Buch wurde in mehrere Sprachen übersetzt. Größte Popularität erreichte Grzimek mit der am 28. Oktober 1956 im neuen Massenmedium Fernsehen gestarteten Fernsehsendung *Ein Platz für Tiere*. Dort trat er stets in Begleitung eines Tieres aus seinem Zoo auf. Diese Sendung entwickelte sich zum Klassiker des deutschen Fernsehens. Grzimek war nicht zimperlich. Er war ein streitbarer Kämpfer für den Naturschutz, stellte das Abschlachten der Jungrobben oder die Praxis in Pelztier- und Krokodilfarmen an den Pranger und nahm kein Blatt vor dem Mund, wenn es darum ging, der Prominenz das Tragen von Mänteln aus dem Pelz gefleckter Katzen zu vermiesen. Die Sendung erlebte 175 Folgen und erbrachte Spendeneinnahmen in Höhe von mehr als 30 Millionen DM.

Fest mit dem Namen Grzimek verbunden ist die Serengeti in Ostafrika. Der 1959 zusammen mit seinem Sohn Michael gedrehte Film *Serengeti darf nicht sterben* erhielt den begehrtesten aller Filmpreise, den *Oscar*, als bester Dokumentarfilm. Die Dreharbeiten wurden vom Unfalltod von Michael Grzimek überschattet.

Mit seinem Engagement trug Grzimek dazu bei, dass Nationalparks und Naturreservate zum Schutz der Tierwelt gegründet wurden. Er entwickelte die Idee der Fotosafari, die einerseits Geld in die Kassen der afrikanischen Länder bringt und andererseits das Interesse am Erhalt der Tierwelt als Devisenbringer aufrechterhält.

Nach *Brehms Tierleben* wurde *Grzimeks Tierleben* die zweite umfassende Tierenzyklopädie. Sie erschien zwischen 1967 und 1974 und vereinigte die Beiträge von mehr als 200 Wissenschaftlern auf gut 10.000 Seiten.

Als die große Politik den Umweltschutz als neues Thema entdeckte, wurde Grzimek zum Bundesbeauftragten für Naturschutz ernannt. Rasch erkannte er, dass er in dieser Position nichts bewirken konnte und trat zurück. Außerhalb der politischen Bühne wurde er 1971 Präsident der ehrwürdigen *Zoologischen Gesellschaft Frankfurt* und 1978 Ehrensenator im *World Wildlife Fund* (WWF, seit 1986 *World Wide Fund For Nature*). Außerdem gehörte er zum Kreis der Gründungsmitglieder des *BUND* (*Bund für Umwelt- und Naturschutz e. V.*).

Als er mit 65 Jahren im April 1974 die Leitung des Frankfurter Zoologischen Gartens an seinen langjährigen Mitarbeiter Dr. Richard Faust übergab, hatte sich diese Einrichtung von einem Ort für Volksbelustigung und kommerzielle Tierschau zu einem Zentrum der Umweltbildung und des Tierschutzes entwickelt.

Grzimek widmete sich nun fernab der Medien ganz seiner Araberzucht. Während einer Zirkusvorstellung in Frankfurt erlag er am 13. März 1987 einem Herzversagen. Seine Urne ruht neben der seines Sohnes Michael am Fuße des Ngorongoro-Kraters in Tansania.

Der von einer bekannten Illustrierten zum „besten TV-Hauslehrer" gekürte Grzimek erhielt zahlreiche Auszeichnungen, unter anderem die Ehrendoktorwürde der Humboldt-Universität zu Berlin, die Honorarprofessur der Lomonossow-Universität zu Moskau, das Große Bundesverdienstkreuz und mehrere Medaillen und Preise. Bundespräsident Richard von Weizsäcker würdigte seine Arbeit als „unschätzbaren Beitrag zur Wahrung der Schöpfung".

Im Frankfurter Zoo wurde das 1978 eröffnete Nachttierhaus feierlich auf den Namen *Grzimek-Haus* getauft.

WERKE

Grzimek, B., 1930: Die Krankheiten der Wellensittiche und der übrigen Papageienarten unter besonderer Berücksichtigung der „Papageienkrankheit" (Psittakose). Leipzig, 64 S.

Grzimek, B., 1934: Das kleine Geflügelhandbuch: Ein praktischer Ratgeber für den Kleinbetrieb. Berlin, 119 S.

Grzimek, B., 1936: 20 Tiere und ein Mensch. München, 345 S.

Grzimek, B., 1939: Krankes Geflügel: Handbuch der Geflügelkrankheiten unter besonderer Berücksichtigung des Geflügel-Gesundheitsdienstes des Reichsnährstandes. Berlin, 204 S.

Grzimek, B., 1941: Wir Tiere sind gar nicht so! Plaudereien, Beobachtungen und Versuche aus dem Tierreich. Frankfurt, 221 S.

Grzimek, B., 1943: Unsere Brüder mit Krallen. Erkenntnisse, Erlebnisse und Versuche mit Tieren. Stuttgart, 172 S.

Grzimek, B., 1954: Kein Platz für wilde Tiere. Eine Kongo-Expedition. München, 306 S.

Grzimek, B., 1959: Serengeti darf nicht sterben. 367.000 Tiere suchen einen Staat. Berlin, 351 S.

Grzimek, B., 1965: Wildes Tier, weißer Mann. Von Tieren im Lebensraum des europäischen Menschen in Europa, Nord-Amerika, in der Sowjetunion. München, 367 S.

Grzimek, B., (Hrsg.): Grzimeks Tierleben – Enzyklopädie des gesamten Tierreiches. Zürich, 13 Bde. + 3 Ergänzungs-Bde., ca. 9.500 S.

Grzimek, B., (Hrsg.): Grzimeks Enzyklopädie Säugetiere. Zürich, 11 Bde., ca. 3.500 S.

Ab 1960: Mitherausgeber der Zeitschrift „Das Tier" (zusammen mit Konrad Lorenz und Heini Hedinger)

FILM UND FERNSEHEN
1956: Kein Platz für wilde Tiere
1959: Serengeti darf nicht sterben
1956–1980: Ein Platz für Tiere

MELVIN CALVIN

(8.4.1911–8.1.1997)

Nach mühevollem Vorgehen in kleinsten Arbeitsschritten gelang es Melvin Calvin schließlich, die Reaktionskette am Beginn der Photosynthese mit Hilfe von radioaktiv markiertem Kohlenstoff zu entschlüsseln. Diese Reaktionskette trägt heute seinen Namen – Calvin-Zyklus – und ist längst zum Unterrichtsstoff in Schule und Hochschule geworden. Aufgrund dieser grundlegenden Entdeckung wurde er für das US-Magazin *Newsweek* zum *Mr. Photosynthesis*. 1961 wurde er mit dem Nobelpreis für Chemie geehrt.

Melvin Calvin wurde am 8. April 1911 in St. Paul im US-Bundes-staat Minnesota als Sohn russischer Einwanderer geboren. Nach Beendigung der Schule studierte er Chemie am *Michigan College of Mining and Technology* und erreichte 1931 seinen Abschluss. Vier Jahre später wurde er an der *University of Minnesota* promoviert.

Nach zwei akademischen Jahren in England, in denen er sich an der Universität von Manchester mit dem Blattgrün der Pflanzen verwandten Kohlenstoffverbindungen beschäftigte, kehrte er 1937 in die USA zurück, um eine akademische Karriere als *Instructor* an der *University of California* in Berkely fortzusetzen. Nach zehn Jahren wurde er zum Professor berufen. Schon ein Jahr zuvor wurde ihm als Direktor die Leitung der *Organic Chemistry Group* des *Lawrence Radiation Laboratory* übertragen.

1942 heiratete Calvin Geneviève Jemtegaard, die Tochter nor-wegischer Emigranten. Zwei Töchter und ein Sohn sind aus dieser Ehe hervorgegangen.

Calvin tastete sich durch seine vorausgegangenen Forschungsar-beiten an komplexen organischen Verbindungen immer mehr – aber wohl eher zufällig – an die chemischen Vorgänge in Pflanzenzellen heran. Als schließlich ab 1945 das radioaktive Kohlenstoff-Isotop C^{14} für Forschungszwecke verfügbar wurde, waren die Voraussetzun-gen geschaffen für eine direkte Untersuchung der Photosynthese. Der Weg des Kohlenstoffs dabei ist allerdings extrem schwer zu verfolgen, weil die etwa 15 aufeinander folgenden Zwischenschritte vom atmosphärischen Kohlendioxid, das die Pflanze aus der Luft aufnimmt, bis zum stabilen organischen Zuckermolekül sehr schnell aufeinander folgen, die Zwischenprodukte instabil sind und auch nur in geringsten Mengen vorliegen.

Der Titel seiner wichtigsten Arbeit lautet *The Path of Carbon in the Photosynthesis*. Bis 1995 vertiefte er die biochemischen Untersuchun-gen über den Stoffwechsel bei Pflanzen weiter.

Vier angesehene Universitäten verliehen Calvin die Ehrendoktor-würde. Er war Ehrenmitglied in mehreren Wissenschaftsakademien und erhielt zahlreiche Preise und Ehrungen. Für seine bahnbre-chende Entdeckung zur Photosynthese der Pflanzen, dem nach ihm benannten Calvin-Zyklus, wurde er 1961 mit dem Nobelpreis für Chemie geehrt.

WERKE

Calvin, M., 1949: *Isotopic Carbon: Techniques and its Measurement and Chemical Manipulation.* New York, 376 S.

Calvin, M., 1962: *The Path of Carbon in the Photosynthesis.* Science 135: 879–889.

Calvin, M. & Bassham, J. A., 1962: *The Photosynthesis of Carbon Compounds.* New York, 127 S.

Calvin, M., 1969: *Chemical Evolution. Molecular Evolution towards the Origin of Living Systems on the Earth and Elsewhere.* New York, 278 S.

Calvin; M., 1992: *Following the trail of Light: a scientific odyssey.* Washington, 175 S.

EMIL HANS WILLI HENNIG

(20.4.1913–5.11.1976)

Mit seiner *Theorie der Phylogenetischen Systematik* zwang Willi Hennig die biologischen Wissenschaften zu einer Positionsbestimmung. Leidenschaftliche Diskussionen zwischen Befürwortern und Gegnern seiner Thesen entbrannten in der Folgezeit. Viele Wissenschaftler bezweifelten lange die praktische Anwendbarkeit der von ihm entwickelten Methode in der Biologie, andere beklagten die weit reichenden Konsequenzen für die Wissenschaft oder scheuten die Neuorientierung. Es wurden auch Stimmen laut, die den Hennig'schen Ansatz als zu mechanistisch und unbiologisch ablehnten. Im Bereich der Insektenkunde gelangen Hennig und einigen Kollegen sehr brauchbare Ergebnisse, die letztlich zu einer bedingten Akzeptanz führten.

Willi Hennig stammte aus bescheidenen familiären Verhältnissen. Sein Vater Karl Ernst Emil arbeitete bei der Eisenbahn, seine Mutter Marie Emma war zunächst Dienstmädchen und arbeitete später in einer Fabrik. Die Familie hatte drei Söhne. Willi wurde am 20. April 1913 in Dürrhennersdorf in Sachsen geboren. Seine beiden Brüder Fritz Rudolf und Karl Herbert folgten im Abstand von jeweils zwei Jahren. Trotz der Kriegsjahre beschrieb Willi Hennig seine Kindheit als ruhig und harmonisch. Ein Jahr nach dem Ende des Ersten Weltkrieges, im Frühjahr 1919, kam er in die

Volksschule seines Geburtsortes. Die weitere Volksschulzeit bis 1927 verbrachte er in Taubenheim und in Oppach, bis er schließlich in das Realgymnasium und Internat in Klotzsche bei Dresden wechselte. Hier wohnte er bei einem Lehrer, selbst Insektenkundler mit guten Kontakten zum Dresdner Museum für Tierkunde, der ihn für die Insektenkunde begeisterte und mit den Wissenschaftlern des Dresdner Museums bekannt machte. Fortan war Hennig regelmäßig im Museum und begann zusammen mit seinem Mentor, dem Zoologen Wilhelm Meise, mit den ersten wissenschaftlichen Untersuchungen. Die gemeinsame Arbeit über die Verbreitung einer tropischen Schlangengattung mündete in Willi Hennigs erster wissenschaftlicher Veröffentlichung. Sie erschien 1932. Im selben Jahr bestand er sein Abitur und konnte im Sommersemester 1932 das Studium der Zoologie, Botanik und Geologie an der Universität Leipzig aufnehmen. Nur vier Jahre später schloss er es mit der Promotion erfolgreich ab. Dem Dresdner Museum blieb er während und vor allem nach seinem Studienabschluss verbunden. Er wurde als Volontär beschäftigt und widmete sich den Zweiflüglern, über die er mehrere wissenschaftliche Arbeiten veröffentlichte. Mit dem Kustos der Insektenabteilung, Klaus Günther, verband ihn schließlich eine tiefe Freundschaft.

Sein weiterer wissenschaftlicher Weg schien vorgezeichnet. Mit einem Stipendium der Deutschen Forschungsgemeinschaft und einer festen Anstellung am Deutschen Entomologischen Institut der Kaiser-Wilhelm-Gesellschaft in Berlin-Dahlem hatte er den Einstieg in eine wissenschaftliche Laufbahn geschafft. Doch die Kriegsvorbereitungen des Deutschen Reiches zwangen ihm einen anderen Weg auf. Schon 1938 wurde er in die Infanterie einberufen und musste vom ersten Tag an aktiv am Zweiten Weltkrieg mit Einsätzen in Polen, Frankreich, Dänemark und Russland teilnehmen. Noch kurz vor Kriegsbeginn heiratete er am 13. Mai 1939 seine langjährige Bekannte und ehemalige Kommilitonin Irma Wehnert. Sie hatten drei Söhne, die 1941, 1943 und 1945 zur Welt kamen.

Eine Kriegsverletzung im Jahr 1942 ersparte ihm dann weitgehend weitere Einsätze an der Front. Er wurde am Berliner Institut für Tropenmedizin und -hygiene der Militärärztlichen Akademie zugeteilt. Sein letzter Einsatz führte ihn zur Malariabekämpfung nach Oberitalien, wo er nach Kriegsende in Britische Gefangenschaft geriet. Ein halbes Jahr später wurde er entlassen, wandte sich nach Leipzig und konnte am 1. Dezember 1945 an der dortigen Universität als Oberassistent bei Prof. Friedrich Hempelmann anfangen. Er blieb nur bis zum 1. April 1947, denn dann konnte er nach der unfreiwilligen, kriegsbedingten Unterbrechung von neun Jahren schließlich wieder nach Berlin an das Deutsche Entomologische Institut zurückkehren. Zweieinhalb Jahre später wurde er zum Leiter der Abteilung für Systematische Entomologie und zugleich zum stellvertretenden Direktor des Instituts ernannt. Er habilitierte sich an der Brandenburgischen Landeshochschule in Potsdam für Zoologie und wurde am 10. Oktober 1950 zum Professor berufen. In seinen Vorlesungen behandelte er die Biologie der wirbellosen Tiere und die Systematik.

Endlich konnte er die *Grundzüge einer Theorie der phylogenetischen Systematik* veröffentlichen, das Manuskript hatte er bereits während des Krieges weitgehend abgeschlossen. Seine Frau, die ebenfalls einige Semester Biologie studiert hatte, unterstützte seine Arbeit in dieser Zeit nach Kräften, indem sie zum Beispiel die Literaturrecherche übernommen und den brieflichen Kontakt zu seinen Kollegen aufrechterhalten hatte. Es wurde sein Hauptwerk, mit dem er weltweit leidenschaftliche Diskussionen in der Fachwelt entfachte. Einer der einflussreichsten Wortführer war der Evolutionsbiologe Professor Ernst Mayr (1904–2005), der sich ebenfalls intensiv mit dem Thema befasste. Hennig verteidigte seine kladistische Theorie mit einem Artikel, den er ausdrücklich als *A Reply to Ernst Mayr* kennzeichnete und dazu in englischer Sprache veröffentlichte. Ein großer Erfolg wurde sein zweibändiger Beitrag im fünfbändigen *Taschenbuch der Zoologie*, das ebenfalls in dieser Schaffensperiode in erster Auflage erschien.

Wieder schien sein weiterer wissenschaftlicher Weg vorgezeichnet, und wieder zwang ihm die Politik eine andere Richtung auf. Diesmal war es der Bau der Berliner Mauer am 13. August 1963. Hennigs Arbeitsplatz lag im sowjetischen Sektor von Berlin, er aber wohnte mit seiner Familie im amerikanischen Sektor. Mit dem Bau der Mauer stand er nun vor der Alternative, seinen Wohnsitz in den Ostsektor zu verlegen oder seinen Dienst am Deutschen Entomologischen Institut zu quittieren. Er entschied sich ohne Wenn und Aber für Letzteres, da er mit der kommunistischen SED nicht zusammenarbeiten wollte.

Es folgten zwei Jahre, die von beruflicher Unsicherheit geprägt waren. Zwar konnte Hennig als außerplanmäßiger Professor an der Technischen Universität in Berlin weiter forschen und lehren, eine Lösung mit langfristiger Perspektive war dies jedoch nicht. Dennoch schlug er zwei Angebote aus den USA aus. Seine Begründung offenbarte die ganze Bodenständigkeit dieses herausragenden Forschers. Er sorgte sich um die Ausbildung seiner Söhne und mochte die „kulturellen Zeugen des antiken griechisch-römischen Europas in erreichbarer Nähe" haben. Im April 1963 konnte er schließlich die Leitung einer neuen Abteilung für stammesgeschichtliche Forschung am Staatlichen Museum für Naturkunde in Stuttgart übernehmen. Er wirkte bis zu seinem Tod an diesem Museum.

In den 13 Jahren am Stuttgarter Museum unternahm er nur zwei größere Reisen, obwohl er mehrere Einladungen zu Gastvorträgen und Forschungsaufenthalten erhielt. Vom 1. September bis 30. November 1967 arbeitete er am *Entomology Research Institute Department of Agriculture* in Ottawa, Kanada. Die zweite Reise machte er zur Teilnahme am Internationalen Entomologenkongress, der vom 22. bis 30. August 1972 in Canberra, Australien stattfand.

Klaus Günther, seit den gemeinsamen Dresdner Jahren eng mit Hennig befreundet und inzwischen Professor an der Freien Universität Berlin, erreichte, dass seinem gesundheitlich angeschlagenen Freund am 4. Dezember 1968 die Ehrendoktorwürde der Universität verliehen wurde. Eine weitere Würdigung seines unermüdlichen Schaffens war die Ernennung zum Honorarprofessor der Eberhard-Karls-Universität zu Tübingen.

Willi Hennig starb am 5. November 1976 und wurde am 10. November auf dem Bergfriedhof in Tübingen beigesetzt.

WERKE

Hennig, E. H. W. & Meise, W., 1932: Die Schlangengattung Dendrophis. *Zool. Anz. 99: 273–297.*

Hennig, E. H. W., 1936: Revision der Gattung Draco (Agamidae). In: Temminckia 1: 153–220.

Hennig, E. H. W., 1936: Beziehungen zwischen geographischer Verbreitung und systematischer Gliederung bei einigen Dipterenfamilien: Ein Beitrag zum Problem der Gliederung systematischer Kategorien höherer Ordnung. Zool. Anz. 116: 161–175.

Hennig, E. H. W., 1947: Probleme der biologischen Systematik. Forschungen und Fortschritte 21/23: 276–279.

Hennig, E. H. W., 1948–52: Die Larvenformen der Dipteren. Berlin, 3 Bde. 628 S.

Hennig, E. H. W., 1950: Grundzüge einer Theorie der phylogenetischen Systematik. Berlin, 370 S.

Hennig, E. H. W., 1953: Kritische Bemerkungen zum phylogenetischen System der Insekten. Beitr. Entomol. 3 (Sonderheft): 1–85.

Hennig, E. H. W., 1966: Phylogenetic Systematics. Urbana, 246 S.

Hennig, E. H. W., 1969: Die Stammesgeschichte der Insekten. Frankfurt, 436 S.

Hennig, E. H. W., 1974: „Cladistic analysis or cladistic classification?" A reply to Ernst Mayr. Syst. Zool. 24: 244–256.

Hennig, E. H. W., 1983: Stammesgeschichte der Chordaten. Fortschritte in der zoologischen Systematik und Evolutionsforschung 2: 1–208.

Hennig, E. H. W., 1984: Aufgaben und Probleme stammesgeschichtlicher Forschung. Berlin, 65 S.

Hennig, E. H. W., 1972: Taschenbuch der Speziellen Zoologie. Teil 1: Wirbellose I. Jena, 392 S.

Hennig, E. H. W., 1972: Taschenbuch der Speziellen Zoologie. Teil 2: Wirbellose II. Jena, 395 S.

HEINZ ELLENBERG

(1.8.1913–2.5.1997)

Ellenberg war einer der führenden Wissenschaftler in der Ökosystemforschung. Mit seinen umfangreichen pflanzenökologischen Untersuchungen baute er die Vegetationskunde aus und entwickelte sie wesentlich weiter. Mit den von ihm nach präzisen Standortanalysen erstellten Zeigerwerten lassen sich bestimmte Areale allein aufgrund ihrer Pflanzendecke hinsichtlich Mikroklima und Bodenbeschaffenheit bewerten. Die Ellenberg-Zeigerwerte sind zu einer wissenschaftlichen Standardmethode geworden und haben in der Landschaftsplanung, im kommerziellen Pflanzenbau, in der Forst- und in der Landwirtschaft wirtschaftliche Bedeutung erlangt. Im Rahmen des von ihm geleiteten und weltweit beachteten Solling-Projektes verfolgte er die Entwicklung bestimmter Waldökosysteme und beschrieb und analysierte die durch anthropogene Immissionen, wie zum Beispiel den Sauren Regen, ausgelösten

Prozesse. Seine Lehrbücher gehören zu den großen Unterrichtswerken der Ökologie.

Heinz Ellenberg wurde am 1. August 1913 ziemlich genau ein Jahr vor Ausbruch des Ersten Weltkrieges in Harburg/Elbe geboren. Sein Vater gehörte zu den ersten Opfern dieses schrecklichen Krieges, so dass der Junge ohne Vater aufwachsen musste. Seine Jugend verbrachte er in Reinstorf östlich von Lüneburg, in Ehmen, heute ein Stadtteil von Wolfsburg, und in Hannover, wo er seine 12-jährige Schulzeit 1932 erfolgreich mit dem Abitur abschloss.

Schon während seiner Schulzeit lernte er die Pflanzenwelt seiner Heimat kennen. In der Provinzialstelle für Naturschutz in Hannover fand er die gewünschte Unterstützung. Der Leiter war der Pflanzensoziologe Reinhold Tüxen (1899–1980), der bei Josias Braun-Blanquet (1884–1980) in Zürich und Montpellier studiert hatte. Gemeinsam erstellte man eine Vegetationskarte für die Provinz Hannover. Tüxen war es auch, der den Abiturienten Ellenberg zum Studium nach Montpellier vermittelte. Ellenberg wurde Hilfsassistent bei Braun-Blanquet. Nach sechs Jahren kehrte er nach Deutschland zurück, setzte sein Studium der Biologie, Chemie und Geologie an den Universitäten von Heidelberg, Hannover und Göttingen fort und beendete es 1938 mit der Promotion. Er fand zurück zu seinem früheren Gönner Tüxen, dessen Einrichtung sich ab 1939 *Zentralstelle für Vegetationskartierung des Deutschen Reiches* nannte. Während des Zweiten Weltkrieges wurde Ellenberg als Mitglied einer Forschungsstaffel mit Kartierungsarbeiten in Russland beauftragt. Daneben beschäftigte er sich mit der Tarnung von Bunkeranlagen durch naturnahe Dachbegrünung. Im Zuge dieser Forschungsarbeiten lernte er den Botaniker Heinrich Walter (1898–1989) kennen. Walter übernahm nach Kriegsende den Lehrstuhl für Botanik an der Landwirtschaftlichen Hochschule Stuttgart-Hohenheim. Ellenberg wurde 1947 sein Assistent und konnte sich ein Jahr darauf habilitieren. Ganze fünf Jahre musste er warten, bis er zum außerplanmäßigen Professor für Botanik an der Universität Hamburg berufen wurde. Seine weiteren wissenschaftlichen Stationen waren die ETH Zürich, wo er in den Jahren 1958 bis 1966 Direktor des Geobotanischen Instituts war, und die Universität Göttingen, der er über seine Emeritierung im Jahr 1981 hinaus die Treue hielt.

Für sein wissenschaftliches Werk erhielt er die Ehrendoktorwürde der Universitäten von München, Zagreb, Münster und Lüneburg. Außerdem war er Ehrenmitglied zahlreicher wissenschaftlicher Gesellschaften und Akademien des In- und Auslandes.

Am 2. Mai 1997 starb der bis ins hohe Alter in der Forschung aktive Ellenberg in Göttingen. Er wurde als sehr anregende Persönlichkeit geschildert, die sich seinen Forschungen mit großer Disziplin widmete. Mit Braun-Blanquet und Heinrich Walter gehörten die bedeutendsten Vegetationskundler seiner Zeit zu seinen akademischen Lehrern.

WERKE

Ellenberg, H., 1950: Unkrautgemeinschaften als Zeiger für Klima und Boden. Landwirtschaftliche Pflanzensoziologie. Bd. 1, Stuttgart, 141 S.

Ellenberg, H., 1952: Wiesen und Weiden und ihre standörtliche Bewertung. Landwirtschaftliche Pflanzensoziologie. Bd. 2, Stuttgart, 143 S.

Ellenberg, H., 1954: Naturgemäße Anbauplanung, Melioration und Landespflege. Landwirtschaftliche Pflanzensoziologie. Bd. 3, Stuttgart, 109 S.

Ellenberg, H., 1956: Aufgaben und Methoden der Vegetationskunde. Stuttgart, 136 S.

Ellenberg, H., 1963: Vegetation Mitteleuropas mit den Alpen in ökologischer, dynamischer und historischer Sicht. Stuttgart, 943 S.

Ellenberg, H., (Hrsg.) 1973: Ökosystemforschung. Ergebnisse von Symposien der Deutschen Botanischen Gesellschaft und der Gesellschaft für Angewandte Botanik in Innsbruck. Berlin, Heidelberg, New York, Hongkong, London, Mailand, Paris, Tokio, 280 S.

Ellenberg, H., 1974: Zeigerwerte von Pflanzen in Mitteleuropa. – Scripta Geobotanica 9: 97 S.

Horvat, I., Glavac, V. & Ellenberg, H., 1974: Vegetation Südosteuropas. Stuttgart, 752 S.

Ellenberg, H., Mayer, R. & Schauermann, J., 1986: Ökosystemforschung – Ergebnisse des Sollingprojektes 1966–1986. Stuttgart, 507 S.

Ellenberg, H., 1990: Bauernhaus und Landschaft in ökologischer und historischer Sicht. Stuttgart, 585 S.

Ellenberg, H. et al., 1992: Zeigerwerte von Pflanzen in Mitteleuropa. – Scripta Geobotanica 18: 258 S.

MARTIN LINDAUER

(19.12.1918)

Mit seinen bahnbrechenden Arbeiten über die Sinneswelt der Honigbiene erwies er sich als großer Schüler des Nobelpreisträgers Karl von Frisch (1886–1982). Ihm verdanken wir die Entdeckung des Magnetsinns und vielfältige neue Einsichten in die Funktionsweise eines Bienenstaates. Mit seinen Arbeiten prägte er die experimentelle Verhaltensforschung und die Sinnesphysiologie entscheidend.

Lindauer wurde am 19. Dezember 1918 in Bad Kohlgrub in der Nähe von Füssen im Allgäu geboren. Inmitten von Tieren wuchs er auf dem elterlichen Bauernhof heran. Nach dem Abitur wurde er 1939 zum Arbeitsdienst eingezogen. Als Soldat kämpfte er vor Stalingrad, wurde schwer verwundet und kehrte zusammen mit nur zwei weiteren Kameraden seiner Kompanie lebend aus Russland zurück. Mitten im Trümmerhaufen materieller und ideeller Werte fand er, wie er schreibt, über eine Vorlesung seines späteren Lehrers Karl von Frisch zur Biologie. Noch 1943 begann er mit dem Studium in München. Fünf Jahre später wurde er mit einer Arbeit über den Bienentanz promoviert.

Als Assistent ging er 1948 mit Karl von Frisch nach Graz und kehrte 1950 mit ihm zusammen an die Universität von München zurück. Zum Teil gemeinsam mit seinem Lehrer gelangen ihm immer tiefere Einblicke in die fein abgestimmte Verständigung zwischen den Mitgliedern eines Bienenstaates. Er beobachtete geradezu demokratisch anmutende Entscheidungsfindungen, wenn es um die Wahl des neuen Neststandortes geht, entdeckte neue Details zur Arbeitsteilung und Verständigung im Bienenvolk und konnte angeborene und erlernte Elemente in der Bienensprache voneinander trennen. Außerdem entschlüsselte er die Mechanismen zur Regulierung von Temperatur und Luftfeuchtigkeit im Bienenstock.

Nach seiner Habilitation im Jahr 1955 blieb er in München und wurde 1961 zum außerordentlichen Professor ernannt. Seine „Münchner" Arbeiten machten ihn in der ganzen Welt bekannt. 1959 wurde er von der ehrwürdigen amerikanischen Harvard

University eingeladen, die *Prather Lectures* zu halten. Es folgten Rufe der Universitäten von Ottawa, Kanada (1960), Syracuse, USA (1961) und Harvard, USA (1961). Er entschloss sich 1963, als Ordentlicher Professor und Direktor des Zoologischen Institutes an die Johann Wolfgang Goethe-Universität in Frankfurt zu wechseln. Wieder gelangen ihm bahnbrechende Arbeiten. Er untersuchte das Lernverhalten und die Gedächtnisleistung der Bienen und sammelte weitere grundlegende Erkenntnisse zur optischen und olfaktorischen Orientierung. Zum herausragenden Erfolg wurde die Entdeckung des Magnetsinns. Seine Versuche zeigten, dass sich Honigbienen mit Hilfe eines inneren Magnetkompasses am Erdmagnetfeld orientieren können. Unter seiner Führung entwickelte sich Frankfurt zum Zentrum der Verhaltensforschung und der Sinnesphysiologie. Viele Studentinnen und Studenten zog es in die Arbeitsgruppe von Martin Lindauer und viele seiner Schüler wurden zu erfolgreichen Wissenschaftlern. Er verstand es, seine Begeisterung für die Forschung auf andere zu übertragen und hatte ein außergewöhnliches Gespür für besondere Talente, die er nach Kräften förderte.

Bis 1973 blieb er in Frankfurt, das ihm durch die Studentenbewegung immer weniger zusagte. Für den leidenschaftlichen Naturbeobachter und Naturfreund, dem die liebevolle Naturbetrachtung im Stile eines Jean-Henri Fabre (1823–1915) näher war, musste die nach neuen Werten strebende 68er-Generation fremd bleiben. Ohne zu zögern nahm er daher 1973 den Ruf an die im politisch ruhigeren Bayern gelegene Universität von Würzburg an, an der er bis zu seiner Emeritierung 1987 den Lehrstuhl für Tierphysiologie innehatte. Er wurde Dekan und Vizepräsident und trug viel zu der besonders harmonischen Atmosphäre an der Universität bei.

Heute wohnt Martin Lindauer in der Nähe von München. Eine Parkinsonerkrankung lässt es nicht zu, dass sich der heute 90-jährige Ausnahmeforscher weiterhin mit seinen Bienen beschäftigt.

Für sein außergewöhnliches wissenschaftliches Werk wurde er von den Universitäten Zürich, Umeå und Saarbrücken mit der Ehrendoktorwürde ausgezeichnet. Unter vielen weiteren Ehrungen bedeutete ihm die Ernennung zum Ehrenimkermeister durch den Deutschen Imkerbund besonders viel.

Werke

Lindauer, M., 1961: Communication Among Social Bees. Cambrigde, MA., 143 S.

Lindauer, M., 1975: Verständigung im Bienenstaat. München, 163 S.

Lindauer, M., 1980: Die biologische Uhr. Wiesbaden, 30 S.

Lindauer, M. & Schoepf, A. (Hrsg.), 1984: Wie erkennt der Mensch die Welt? Grundlagen des Erkennens, Fühlens und Handels. Stuttgart, 310 S.

Riecke-Lauer, J. & Lindauer, M., 1985: Lernprozesse im Orientierungslauf der Honigbiene: Ein rassenspezifischer Vergleich von Apis mellifica carnica und Apis mellifica ligustica. Stuttgart, 87 S.

Eisner, Th., Hölldobler, B. & Lindauer, M., 1986: Chemische Ökologie. Territorialität – Gegenseitige Verständigung. Stuttgart, New York, 91 S.

Lindauer, M. & Franz, J. M., 1989: Jean-Henri Fabre: Wunder des Lebendigen. Zürich und München, 295 S.

Lindauer, M., 1990: Botschaft ohne Worte. Wie Tiere sich verständigen. München, 271 S.

Lindauer, M., 1991: Auf den Spuren des Uneigennützigen. Nutzen und Risiko des Zusammenlebens in der Natur. München, 176 S.

Lindauer, M., 2003: Aging, creativity, and art: a positive perspektive on late-life development. New York, 312 S.

James Deweney Watson

(6.4.1928)

„Harte Arbeit kann gründliches Nachdenken nicht ersetzen", lautet das zentrale wissenschaftliche Leitmotiv dieses genialen Biologen. Tatsächlich führte er zusammen mit seinem kongenialen Kollegen Francis Crick (1916–2004) kein einziges Experiment zur Entschlüsselung jener chemischen Verbindung, in der die gesamte Erbinformation allen Lebens dieser Erde gespeichert ist, durch. Seine praktische Forschungsarbeit an der Desoxyribonukleinsäure beschränkte sich im Wesentlichen auf das Zusammenführen von bekannten und publizierten Teilergebnissen. Verbunden mit seinem überdurchschnittlich ausgeprägten Verständnis für Molekülstrukturen reichten ihm diese Informationen aus, um sich anhand von Modellen zum richtigen Ergebnis vorzutasten. Dennoch wurde dieser wissenschaftliche Geniestreich, für den Watson und Crick im

Jahr 1962 den Nobelpreis für Physiologie oder Medizin verliehen bekamen, im Nachhinein allgemein als „Sieg des Grashüpfers über die Ameisen" angesehen; Witz und Scharfblick hätten über hartes, gründliches Arbeiten triumphiert.

Der Vater war Schuldeneintreiber, die Mutter Büroangestellte, das Geld war knapp in der Familie Watson, als Sohn James am 6. April 1928 in Chicago geboren wurde. Über seine Kindheit ist wenig bekannt. Mit seiner überdurchschnittlichen Intelligenz überstand er die Schulzeit, auch ohne sich durch besonderen Fleiß hervorzutun. Er interessierte sich stark für die Natur in der Umgebung und entwickelte sich zu einem genauen Beobachter. Schon mit 15 Jahren, zwei Jahre vor seinem Highschool-Abschluss, konnte er sich an der Universität zum Studium der Naturwissenschaften einschreiben und erreichte 1946 seinen Abschluss. Ein weiteres Jahr beschäftigte ihn die Zoologie, dann stand sein Entschluss fest. Er würde sich mit den Trägersubstanzen der Erbinformationen befassen, einem Thema, mit dem sich zahlreiche Forscher verschiedener Fachrichtungen in aller Welt zu jener Zeit intensiv beschäftigten. Angesichts der unüberschaubaren Fülle an vererbten Merkmalen in der Tier- und Pflanzenwelt ein Forschungsgebiet, bei dem mehr Fragen als Antworten diskutiert wurden. Erst allmählich und durch sehr mühevolle Arbeit verdichteten sich die Anzeichen dafür, dass ein sehr komplexes Molekül mit dem Namen Desoxyribonukleinsäure, kurz als DNS (englisch: DNA) bezeichnet, der Träger der Erbinformation ist.

Watson entschloss sich, an die Indiana University in Bloomington zu wechseln. Er wurde Schüler des italienischen Mikrobiologen Salvador Luria (1912–1991). Nach seiner Promotion über Bakterienviren im Jahr 1950 konnte er durch Vermittlung seines Doktorvaters bei dem Biochemiker Herman Kalckar (1908–1991) in Kopenhagen weiterarbeiten. Auf einer Tagung in Neapel, die er bald darauf zusammen mit Kalckar besuchte, sah er die erste Röntgenaufnahme eines DNS-Moleküls und erkannte, dass nicht die Biochemie, sondern die Röntgenstrukturanalyse die Methode der Wahl war, um ihn an sein hochgestecktes Forschungsziel zu bringen. Diese physikalische Untersuchungsmethode war schon vor dem Ersten Weltkrieg von Sir Lawrence Bragg (1892–1971), der mittlerweile als Direktor das berühmte Cavendish Laboratory in Cambridge leitete, entwickelt worden. Watson ließ sich dorthin versetzen. Im Oktober 1951 traf er den 35-jährigen Doktoranden Francis Crick (1916–2004), Sohn eines Schuhfabrikanten aus der Umgebung von Northhampton. Man verstand sich sofort und teilte, wie sich herausstellte, insgeheim das gleiche Forschungsziel, wenn auch aus ganz unterschiedlicher Motivation. War es für Watson der Drang nach wissenschaftlicher Erkenntnis, die ihn leitete, so war es für den Atheisten Crick der Wille, den Beweis dafür anzutreten, dass sich das Phänomen Leben allein mit wissenschaftlichen Formeln erklären lässt. Insgeheim deshalb, weil keiner der beiden jungen Wissenschaftler tatsächlich den Auftrag hatte, sich der Entschlüsselung der DNS-Struktur zu widmen. Watson sollte seine Forschung an Bakterienviren fortsetzen und Crick seine Doktorarbeit über den Blutfarbstoff Hämoglobin schreiben. Man forschte nebenbei daran und ohne das Wissen des Direktors, der diese Arbeiten niemals genehmigt hätte.

Neben den Arbeiten von Watson und Crick liefen offizielle Forschungsprogramme zur Entschlüsselung der Struktur der DNS zur selben Zeit hauptsächlich noch in London am King's College durch Rosalind Franklin (1920–1958) und Maurice Wilkins (1916–2004) und in Pasadena am California Institute of Technology, wo Linus Pauling (1901–1994) arbeitete. Zwischen diesen drei Forschungsgruppen entwickelte sich ein spannender Wettlauf. Das Rennen schien entschieden, als Linus Pauling 1953 sein Modell der DNS veröffentlichte. Doch das Modell erwies sich als fehlerhaft. Das war die letzte Chance für Watson und Crick. Mit ihrem Modell, das die neuesten Röntgendaten von Rosalind Franklin aus London mit einbezog, gelang es ihnen am 28. Februar 1953, die tatsächliche Struktur der DNS im Modell darzustellen. Es ist die berühmte Doppelhelix, die als Abbildung Eingang in jedes heutige Schulbuch gefunden hat.

Ihr Artikel erschien am 25. April 1953 in der renommierten Zeitschrift *Nature*, 128 Zeilen, die Geschichte schrieben. Am 30. Mai erläuterten sie in einem zweiten Artikel, der ebenfalls in *Nature* veröffentlicht wurde, basierend auf ihrem Modell den genauen Code, der die genetische Information verschlüsselt.

Linus Pauling erhielt 1954 den Nobelpreis für Chemie als Anerkennung seiner Arbeiten über die Molekülstruktur der Proteine.

Watson und Crick wurden 1962 mit dem Nobelpreis geehrt. Sie teilten sich den Preis mit Maurice Wilkins, der mit seinen Röntgenuntersuchungen die experimentellen Grundlagen zur Aufklärung der DNS-Struktur beigetragen hat. Die tragische Verliererin in dem kuriosen Rennen um diese bahnbrechende Entdeckung ist Rosalind Franklin. Obwohl sie einen Großteil der mühevollen Untersuchungen durchgeführt hat und selbst ganz dicht vor der Aufklärung der Molekülstruktur stand, blieb sie bei der Vergabe der Nobelpreise unberücksichtigt. Es ist viel darüber spekuliert worden, ob die hochintelligente Frau Opfer der Benachteiligung von Frauen in der Wissenschaftswelt wurde oder ob man die Nichtberücksichtigung für den Nobelpreis ihrem Eigensinn zuschreiben muss.

Watson war von 1961 bis 1976 Professor an der berühmten Harvard University, wurde 1976 zum Leiter des Cold Springs Harbour Laboratory auf Long Island, New York ernannt und leitete zwischen 1990 und 1992 das *Human Genome Project*. Am 31. Mai 2007 gab der exzentrische Watson bekannt, dass sein eigenes Genom innerhalb von 2 Wochen für weniger als eine Million US-Dollar vollständig sequenziert worden sei.

Durch seine Äußerungen zur Intelligenz der in Afrika lebenden Bevölkerung geriet der durch provokante Reden bekannte Nobelpreisträger im Oktober 2007 schließlich ins Abseits und wurde vom Institutsvorstand suspendiert. Er seinerseits erklärte am 25. Oktober 2007 seinen Rücktritt als Kanzler der Universität.

WERKE

Watson, J. D. & Crick, F. H. C., *1953: Molecular Structure of Nucleic Acids – A Structure for Deoxyribose Nucleid Acid. Nature 171: 737–738.*

Watson, J. D. & Crick, F. H. C., *1953: Genetical Implications of the Structure of Deoxyribonucleid Acid. Nature 171: 964–967.*

Watson, J. D., *1980: The Double Helix – a personal Account of the Discovery of the Structure of DNA. New York 298 S.*

Watson, J. D., *1992: Recombinant DNA. New York, 626 S.*

Watson, J. D., *2000: A passion for DNA: genes, genomes, and society. Oxford, 250 S.*

Watson, J. D., Baker, T. A. & Bell, St. P., *2004: Molecular biology of the gene. San Francisco, 732 S.*

Edward Osborne Wilson

(10.6.1929)

Der bekannte amerikanische Wissenschaftler gehört zu den bedeutendsten Biologen der heutigen Zeit. Sein Spezialgebiet sind die sozialen Insekten. Er beherrscht es wie kein zweiter weltweit. Vor allem das Studium der Ameisen mit ihrer perfekten und überaus erfolgreichen Sozialstruktur prägte sein Naturverständnis. Als er in einem seiner zahlreichen Bücher ein Kapitel der Zukunft der menschlichen Gesellschaft widmete und dabei grundlegende Erkenntnisse der Soziobiologie auf den Menschen übertrug, polarisierte er die Leserschaft in Befürworter und Gegner seiner Thesen. Zunehmend machte er sich zum Mahner für mehr Naturschutz und für einen nachhaltigen Umgang mit den natürlichen Ressourcen. Ein weiterer Rückgang der Biodiversität werde das Überleben der Menschheit ernsthaft in Frage stellen, so eine seiner warnenden Prognosen. Sein bisheriges Lebenswerk umfasst bereits mehr als 200 wissenschaftliche Publikationen. Hinzu kommen mehrere an die Fachwelt sowie an die Allgemeinheit gerichtete Bücher, die weltweit Beachtung finden und in mehrere andere Sprachen übersetzt wurden, so auch ins Deutsche. Den höchsten Literaturpreis, den Amerika zu vergeben hat, erhielt er gleich zweimal zuerkannt, außerdem wurde er mit der *National Medal of Science*, dem höchsten Wissenschaftspreis der USA, ausgezeichnet. Zudem gilt er als heißester Anwärter auf den Nobelpreis.

Edward O. Wilson wurde am 10. Juni 1929 in Birmingham, Alabama geboren. Er war kaum sieben Jahre alt, als sich seine Eltern scheiden ließen. Edward lebte fortan bei seinem Vater und seiner Stiefmutter. Seine Jugend war durch viele Ortswechsel gekennzeichnet. Alabama, Florida, Georgia und Washington waren die Stationen, an denen er wohnte und heranwuchs. Immer wieder musste er die Schule wechseln, verlor Freunde und fand wieder neue. Dieses unstete Leben war eine denkbar ungünstige Voraussetzung für eine spätere Hochschulkarriere, doch Wilson schaffte es und wurde schließlich Hochschullehrer an der berühmten Harvard University.

Wie viele Jungs hatte sich auch der junge Edward schon früh mit Tieren beschäftigt. Er sammelte Insekten und durchstreifte auf der Suche nach ihnen seine jeweilige Heimat. Im Rock Creek Park am Potomac in der Nähe der amerikanischen Hauptstadt Washington erlebte er die Abenteuer, die seine Entscheidung, Insektenforscher zu werden, formten. Er hätte sich auch mit anderen Tieren beschäftigen können, meinte er später, aber dadurch, dass er sich beim Fischen einige Jahre zuvor sein rechtes Auge verletzt hatte, blieb ihm letztlich keine andere Wahl, denn Insekten habe er auch einäugig fangen und bestimmen können. So oft er konnte, besuchte er in seiner Washingtoner Zeit das dortige Museum für Naturgeschichte, wo er die ausgestellte Insektenvielfalt bewunderte. Der Leiter des Museums, William M. Mann, hatte kurz zuvor einen Artikel über das Leben der Ameisen verfasst. Der junge Wilson hatte ihn mit Begeisterung gelesen und die Vorstellung, dass der Verfasser dieses Artikels in diesem Museum arbeitete, faszinierte ihn.

Bald zog die Familie wieder nach Alabama. Edward Wilson begann, Langbeinfliegen zu sammeln, die ihm wegen ihrer schillernden Farben besonders gefielen. Wahrscheinlich wäre er auch dabei geblieben, hätte der Zufall nicht wieder die Weichen anders gestellt. Die Insektennadeln, die er zum Präparieren seiner Fliegen brauchte, waren eines Tages nicht mehr zu bekommen. Der Lieferengpass war eine direkte Folge des Kriegseintritts der USA in den Zweiten Weltkrieg. Die Nadeln wurden zu jener Zeit fast ausschließlich im heutigen Tschechien gefertigt und durften nun nicht mehr von dort in die Staaten exportiert werden. Wilson musste sich nach einer anderen Insektengruppe umschauen. Er fand zu den Ameisen zurück, die man einfach in einem Gläschen mit Alkohol konservieren kann. Das 1910 erschienene Buch *Ants: Their Structure, Development, and Behavior* des großen Harvard-Professors William M. Wheeler (1865–1937), der auch den Leiter des Washingtoner Naturkundemuseums zu den Ameisen gebracht hatte, wurde zu seinem Standardnachschlagewerk. Art für Art wuchs seine Ameisensammlung, bald hatte er fast alle Arten von Nord-Alabama zusammen. Mit 13 Jahren gelang ihm die wissenschaftliche Sensation: Wilson fand bei den Docks von Mobile eine ihm unbekannte Ameisenart. Es war eine südamerikanische Feuerameise, die bisher in den USA nicht aufgetreten war. Über den Fund dieser Ameisenart in den USA berichtete er 1949 in seiner ersten Veröffentlichung. Feuerameisen sind auch das Thema seiner Examensarbeit an der University of Alabama in Tuscaloosa. Zum Wehrdienst musste er wegen seines verletzten Auges nicht, er konnte sich weiter intensiv mit Ameisen beschäftigen. Zunächst arbeitete er ein Jahr an der University of Tennessee in Knoxville und zog dann 1951 an die Harvard University, um dort seine Doktorarbeit zu vollenden. Hier fand er die besten Voraussetzungen für seine Ameisenforschungen, da diese Universität über die größte Ameisensammlung der Welt verfügt. Das war auch ein Verdienst des bedeutenden Ameisen-professors William M. Wheeler gewesen, der hier von 1908 bis 1937 Kurator war und eine Fülle neuer Ameisenarten entdeckt und beschrieben hatte. Wilsons Doktorarbeit wurde angenommen und schon ein Jahr später, im Jahr 1956, wurde er zum Professor für Zoologie ernannt und trat die Nachfolge des Mannes an, der ihn mit seinem Buch dazu verholfen hatte, die Ameisen zu identifizieren und wissenschaftlich zu bearbeiten. Nun saß Wilson genau in dem Raum und sogar genau an dem Schreibtisch, an dem Wheeler zuvor 29 Jahre lang gearbeitet hatte. 1973 wurde er zum Kurator der entomologischen Sammlungen der Universität ernannt.

Zu seinen ersten grundlegenden Arbeiten gehörte die Ent-schlüsselung der umfangreichen Duftsprache der Ameisen. Mit den verbesserten chemischen Analyseverfahren gelang es Wilson, sowohl die chemische Natur der Düfte aufzuklären als auch die verschiedenen Drüsen zu lokalisieren und zu beschreiben, aus denen der jeweilige Signalduft abgegeben wird. Gleichzeitig in-teressierten ihn die Verbreitungsmuster einzelner Ameisenarten auf dem Festland und auf kleineren und größeren Inseln sowie die Art, wie sich dieses Verbreitungsmuster im Laufe der Erdge-schichte herausgebildet hat. Dies führte ihn zu den Strategien, die die Ameisen zur Besiedlung neuer Areale entwickelt haben. Von den Befunden an den Ameisen ausgehend, entwickelte er 1967 zusammen mit Robert MacArthur (1930–1972) eine allgemeine *Theory of Island Biogeography*. Sie ist so umfassend, dass sie nicht nur die theoretische Biologie stark beeinflusste, sondern auch den praktischen Artenschutz zur Neuorientierung zwang. Zum ersten Mal tauchte in der Biologie der Begriff des *natürlichen Gleichgewichts der Arten* in der Natur auf.

Die Bearbeitung der Ameisenfauna verschiedener Länder
und Kontinente, so zum Beispiel aus dem tropischen Amerika,
Australien und Melanesien (Südpazifik), vermehrte nicht nur die
Sammlungsbestände der Universität, sondern führte Wilson auch
zur Frage nach dem Stammbaum der Ameisen. Welche im Lauf der
Evolution herausgebildeten Verwandtschaftsverhältnisse bestehen
zwischen einzelnen Arten, Gattungen und Unterfamilien dieser
Insekten? Gerade vor dem Hintergrund ihres Verbreitungsmusters
eine spannende Aufgabe. Wieder verstand es Wilson, von den in
einem sozialen Gefüge lebenden Ameisen allgemeine Hypothesen
im Zusammenhang mit Sozialität abzuleiten. Er prägte den Begriff
Soziobiologie und begann sich mit anderen sozialen Gemeinschaften
im Tierreich und schließlich auch beim Menschen zu beschäftigen.
Seine konstatierende und in keiner Weise demagogisierend gemein-
te Hypothese, die Aggressionsdominanz des Mannes werde auch
zukünftig seine überproportionale Stellung in Politik, Wissenschaft
und Wirtschaft aufrecht erhalten, führte zu heftigem Widerspruch
bis hin zur Verunglimpfung von Seiten des Feminismus und
Humanismus.

Als in den ausgehenden 1970er Jahren der Raubbau an der Natur
zunahm und sich in Europa und Amerika eine Naturschutzszene
formierte, widmete er sich dem Thema *Biodiversität* und machte
sich zum Mahner. Er spekulierte über die weitreichenden Folgen
des zunehmenden Artensterbens und wagte Prognosen über die
Zukunft. In der von ihm 1984 formulierten *Biophilie-Hypothese*
stellte er den Menschen in den Mittelpunkt seiner Betrachtungen
über den Schutz der biologischen Vielfalt und schaffte damit die
Grundlage für eine anthropozentrisch geprägte Umweltpolitik.
In seinem ureigenen Interesse müsse der Mensch die Natur vor
weiteren Verlusten schützen, denn sie seien die Voraussetzung für
den Fortbestand der Menschheit.

So umfassend breit angelegt das wissenschaftliche Werk dieses
Forschers auch ist, der Rote Faden blieb in seinem wissenschaftlichen Werdegang immer bestehen. Dies hat er letztlich der von ihm
zum zentralen Forschungsobjekt gewählten Tiergruppe zu verdanken. Mittels Ameisenforschung konnte er vielfältige allgemeine
und spezielle biologische Prinzipien ableiten, ebenso grundlegende
Strukturen in der Sozialität von Tier und Mensch herausarbeiten

und zudem dem Umwelt- und Naturschutz wesentliche neue Impulse geben.

Wilson wurden mehrere Ehrendoktortitel verliehen und zahlreiche hohe und höchste Ehrungen zuteil. Seit 1969 ist er Mitglied der *National Academy of Science*. Er erhielt unter anderem die *National Medal of Science*, den *Pulitzer Prize* für *On Human Nature* sowie für *The Ants* (zusammen mit Bert Hölldobler), den *Tyler Prize* für sein Umweltengagement, den *Crafoord Prize*, den *Nierenberg Prize* und 2007 den *TED Prize*. Nach *Time* gehörte er 1995 zu den 25 einflussreichsten Personen Nordamerikas. Das neueste Forschungsschiff der *Dauphin Island Sealab* wurde 2005 *RIV E.O. Wilson* getauft. Angesichts seiner herausragenden Stellung als Wissenschaftler muss E. O. Wilson als erster Anwärter auf einen Nobelpreis gelten.

WERKE

Brown, W. L. & Wilson, E. O., 1956: Character displacement. Systematic Zool. 5: 49–64.

McArthur, R. H. & Wilson, E. O., 1967: The Theory of Island Biogeography. Princeton, 203 S.

McArthur, R. H. & Wilson, E. O., 1967: Biogeographie der Inseln. München, 201 S.

Wilson, E. O., 1971: The Insect Societies. Cambridge, 548 S.

Wilson, E. O., 1975: Sociobiology: The New Synthesis. Cambridge, 697 S.

Wilson, E. O., 1978: On Human Nature. Cambridge, 260 S.

Wilson, E. O., 1983: Promethean Fire, Reflections on the Origin of Mind. Cambridge, 216 S.

Hölldobler, B. & Wilson, E. O., 1990: The Ants. Berlin, Heidelberg, New York, Hongkong, London, Mailand, Paris, Tokio, 732 S.

Wilson, E. O., 1992: The Diversity of Life. Cambridge, 424 S.

Wilson, E. O., 1995: HYPERLINK "/wiki/Ameisen"Ameisen. Basel, Boston, Berlin, 265 S.

Wilson, E. O., 1996: Biophilia. The Human Bound with Other Species. 157 S.

Wilson, E. O., 1998: Consilience. The Unity of Knowledge. New York, 374 S.

Wilson, E. O., 1998: Die Einheit des Wissens. Berlin, 444 S.

Wilson, E. O., 2002: The Future of Life. New York, 229 S.

Wilson, E. O., 2004: Die Zukunft des Lebens. Berlin, 255 S.

Thomas Eisner

(25.6.1929)

Der in Deutschland geborene Insektenkundler gilt als einer der Begründer der Chemischen Ökologie. In seinen Arbeiten behandelt er die Kommunikation der Insekten untereinander und die Abwehr von Fressfeinden mit Hilfe spezieller chemischer Verbindungen, den Pheromonen und Wehrsekreten.

Die jüdische Familie Eisner, der Vater war Chemiker, verließ 1933 Deutschland, wohnte zunächst in Spanien und Frankreich und siedelte dann nach Uruguay über. Sohn Thomas interessierte sich schon im Kindesalter für alles, was draußen „kreucht und fleucht". *Biophil* lautet der von ihm später geprägte Begriff für seine Leidenschaft, sich mit der Natur zu beschäftigen. Sein Vater liebte es, Parfum selbst herzustellen, so dass das Haus stets erfüllt war von Düften verschiedenster Art. Als Thomas Eisner eines Tages entdeckte, dass auch die von ihm geliebten Insekten Duftstoffe besaßen, stand sein Berufswunsch fest. Er wollte mit Insekten arbeiten, deren Duftstoffe analysieren und die biologische Bedeutung erforschen.

Zwischen 1955 und 1957 studierte und arbeitete er bei dem berühmten Soziobiologen Edward O. Wilson (*1929) in Harvard und wechselte dann zur Cornell University nach Ithaka, New York. Hier entstanden seine herausragenden Arbeiten zur Insektenphysiologie, mit denen er sich einen Platz unter den besten Biologen sicherte. Er analysierte unter anderem das Wehrsekret des Bombardierkäfers, der sich mit einer echten Feuer speienden Explosion gegen angreifende Ameisen wehrt. Der aus speziellen Drüsen am Hinterleib abgeschossene Chemiecocktail lässt es „ordentlich blitzen und krachen" und erreicht dabei Temperaturen von über 100 °C. Insekten charakterisierte Eisner als die Meister der Chemie. Intensiv beschäftigte er sich mit den bunten Schuppen auf den Flügeln der Schmetterlinge, untersuchte die biologische Funktion und veröffentlichte herrliche Fotografien.

Eisner verfasste sieben Bücher und über 500 wissenschaftliche Publikationen und machte sich auch als Naturfotograf einen Namen. Mehr und mehr setzt er sich heute für die Menschenrechte in den USA ein, lehnt jegliche Form der Nutzung der Atomenergie entschieden ab und betätigt sich aktiv im Umwelt- und Klimaschutz. Er erhielt zahlreiche nationale und internationale Auszeichnungen, unter anderem die *Karl-Ritter-von-Frisch-Medaille*.

„Die Käfer werden die Erde von uns nicht erben – sie besitzen sie bereits. Also sollten wir mit unserem Vermieter Frieden schließen", lautet die Botschaft dieses außergewöhnlichen Biologen.

WERKE

Eisner, Th., 2004: *For Love of Insects. Cambridge, 448 S.*

Burnett, A. & Eisner, Th., 1964: *Animal Adaptation. New York, 136 S.*

Burnett, A. & Eisner, Th., 1966: *Anpassung im Tierreich. München, 149 S.*

Eisner, Th. & Wilson, E. O., 1975: *Animal Behavior. Reading from Scientific American. San Francisco, 339 S.*

Eisner, Th. & Wilson, E. O., 1975: *The Insects. Reading from Scientific American. San Francisco, 334 S.*

Eisner, Th. & Meinwald, J. (Hrsg.), 1995: *Chemical Ecology: The Chemistry of Biotic Interaction. Washington, 221 S.*

Eisner, Th., Eisner, M. & Siegler, M., 2005: *Secret Weapons: Defense of Insects, Spiders, Scorpions and other many-legged Creatures. Cambridge-London, 372 S.*

DIAN FOSSEY

(16.1.1932–26.12.1985)

Dian Fossey gelang es als erstem Menschen, in eine Gruppe von freilebenden Menschenaffen aufgenommen zu werden. Sie erlebte die Gorillas als sanfte, würdevolle Riesen und nicht als wilde Bestien, zu denen sie durch Geltungssucht und Angeberei der Großwildjäger und Abenteurer gemacht worden waren. Vielmehr verwischten nun die so klar geglaubten Grenzen zwischen Mensch und Tier. Mit ihrem Leben und mit ihrem Tod gab Dian Fossey dem Schutz der Natur einen neuen Stellenwert.

Die in San Francisco geborene Dian interessierte sich schon als Kind für alle Arten von Tieren und begann, Veterinärmedizin zu studieren. Doch schon bald wechselte sie zur Medizin und wurde Fachärztin für berufsbedingte Krankheiten. Nach erfolgreicher

Bewerbung zog sie nach Louisville, Kentucky, um ihre Stelle als Leiterin der Abteilung für Berufskrankheiten des *Kosair Crippled Children's Hospital* anzutreten.

Zu sehr hatte sie sich als Kind mit den Tieren Afrikas beschäftigt, um ihren Traum, einmal die Tiere dieses Kontinents in freier Wildbahn zu erleben, vergessen zu können. Im Alter von 31 Jahren machte sie ihren Kindheitstraum wahr. Sie reiste nach Afrika. Dort besuchte sie auch das Ehepaar Mary (1913–1996) und Louis (1903–1972) Leakey, die als Paläontologen äußerst erfolgreich nach fossilen Urmenschenresten suchten. Neben der anatomischen Rekonstruktion der von ihm gefundenen frühen Menschenformen versuchte das Ehepaar Leakey, die Lebensweise, die geistigen Fähigkeiten und manuellen Fertigkeiten durch Vergleich mit heutigen Menschenaffen zu ermitteln. Daher interessierten sich die beiden auch für die Lebensweise der in Afrika beheimateten Schimpansen und Gorillas und ermutigten Dian Fossey, sich eingehender mit wildlebenden Gorillas zu beschäftigen.

Als Louis Leakey ihr im Scherz vorschlug, sie solle sich den Blinddarm prophylaktisch entfernen lassen, bevor sie sich für längere Zeit in der Wildnis niederlasse, antwortete Fossey spontan, dass dies bereits geschehen sei. Damit sei sie bestens für das Leben im afrikanischen Busch gerüstet.

Im Jahr 1966 begann sie auf Einladung des Ehepaars Leakey mit ihrem neuen Leben in Afrika. Im damaligen Zaïre näherte sie sich einer Gruppe von Berggorillas und wurde schließlich als Gast in die Gorillagruppe aufgenommen. Während des Bürgerkrieges musste sie immer wieder nach Ruanda flüchten. Ein Jahr später gründete sie die *Karisoke Research Foundation*, benannt nach der Region, in der sie arbeitete.

Die nächsten Jahre verbrachte sie als stete Wanderin zwischen zwei völlig unterschiedlichen Welten. Einen Teil ihrer Zeit lebte sie in Afrika mit ihrer Gorillagruppe, machte Aufzeichnungen und Bilder, den anderen Teil ihrer Zeit brachte sie an der renommierten Cambridge University damit zu, die gesammelten Daten für ihre Doktorarbeit aufzubereiten. 1976 wurde sie promoviert und nahm eine Gastprofessur an der Cornell University an.

Weltweite Berühmtheit erlangte sie mit ihrem Buch *Gorillas in the Mist*, das 1983 erschien. Darin schilderte sie die Gorillas so, wie sie

sie erlebt hatte. Es waren keine wilden Bestien, sondern charismatische *sanfte Riesen* mit einer starken Persönlichkeit, ausgeprägten Individualität und einem hoch entwickelten Familienleben.

Zunehmend musste sie sich gegen Übergriffe wehren und gegen Wildhüter, Tierfänger, Wilderer und offizielle Stellen ankämpfen. Sie wandte sich an die Öffentlichkeit und machte die Machenschaften publik. Schließlich bezahlte sie ihren Einsatz für die Gorillas und deren Lebensraum mit ihrem Leben. Man fand sie im Dezember 1985 erschlagen in ihrem Lager. Die feigen Mörder, denen sie mit ihren Aktivitäten zunehmend zur Bedrohung geworden war, wurden nie gefunden und zur Rechenschaft gezogen.

WERKE

Fossey, D., 1976: The Behaviour of the Mountain Gorilla. Ph. D. Thesis, Cambridge Univ.

Fossey, D., 1981: The Imperiled Mountain Gorilla. Nat. Geogr. 159: 501–523.

Fossey, D., 1982: Mountain Gorilla Research, 1974. Nat. Geogr. Soc. Res. Reports 14: 243–258.

Fossey, D., 1983: Gorillas in the Mist. London, 386 S.

BAREBONES JANE VAN LAWICK GOODALL

(*3.4.1934)

Die mit 27 Ehrendoktorwürden (Stand 2006) und über 70 bedeutenden internationalen Preisen und Ehrungen, darunter dem *UNESCO Gold Medal Award* im Jahr 2006, ausgezeichnete Engländerin, ist eine absolute Ausnahmeerscheinung in der heutigen Biologie. Sie ließ sich in Afrika in eine Gruppe freilebender Schimpansen aufnehmen und durfte deren Alltag über Jahre aus nächster Nähe miterleben. Mit dieser für die damalige Zeit absolut unakademischen Herangehensweise stellte sie die klassische Verhaltensforschung im wahrsten Sinne des Wortes auf den Kopf. Das Ergebnis sind revolutionäre Entdeckungen. Viele Eigenschaften und Fähigkeiten, die bis dahin als rein menschliche Attribute galten, wurden auch bei Schimpansen beobachtet. Jane Goodall hat mit ihren Arbeiten die Grenze zwischen Mensch und Tier neu gezogen. Heute ist sie unermüdlich für den Schutz der Natur in aller Welt unterwegs.

Jane Goodall wurde am 3. April 1934 in London geboren. Sie wuchs an der Südküste Englands in Bournemouth in enger Beziehung zu Tieren und Pflanzen auf. Schon früh wusste sie, dass sie eines Tages einmal Afrika bereisen würde, um die unbeschreibliche Vielfalt der tropischen Tierwelt mit eigenen Augen zu sehen.

Nach ihrem Abitur 1950 besuchte sie eine Handelsschule und erreichte ein *higher certificate*. Danach konnte sie bei einem Dokumentarfilmproduzenten als Sekretärin arbeiten. Durch eine Schulfreundin erhielt ihr Leben schließlich die entscheidende Wende. Goodall wurde von ihr nach Kenia eingeladen. Damit sie das Geld für die Überfahrt schneller zusammenbekam, arbeitete sie zusätzlich als Kellnerin. Dann war der große Tag gekommen. Als 23-Jährige reiste sie erstmals ins tropische Afrika. Sie fand eine Anstellung am Kenya National Museum. Dort hörte sie von dem sensationellen Grabungsfund ihres Museumsdirektors, dem Paläontologen und Anthropologen Louis Leakey (1903–1973), und dessen Frau Mary (1913–1996). Es handelte sich um das Schädeldach eines sehr frühen Hominiden, einem möglichen Bindeglied zwischen Mensch und Affe. Goodall erreichte ein Treffen mit den Leakeys und wurde sofort als Assistentin eingestellt. Sie durfte das Ehepaar nach Ostafrika in die berühmte Olduvai-Schlucht begleiten, um dort nach weiteren fossilen Ahnen der Menschen zu suchen. Da die Funde selbst nur wenige Rückschlüsse auf die Fähigkeiten der frühen menschenartigen Wesen zulassen, wollte Leakey die nächsten lebenden Verwandten, die afrikanischen Schimpansen, eingehender studieren. Wie leben sie und was können sie möglicherweise über die Lebensweise der frühen Menschen verraten? Jane Goodall sollte diese Untersuchungen an freilebenden Schimpansen übernehmen. Eine junge Frau in der Wildnis und noch dazu im Jagdrevier von „wilden" Schimpansen, die damals als gefährliche Bestien galten? Die Kolonialverwaltung verweigerte ihre Zustimmung. Erst als Jane Goodall ihre Mutter als Begleiterin vorschlug, ließ sich die Behörde umstimmen. Im Juli 1960 reiste Goodall über Kigoma nach Gombe. Von hier aus wollte sie in den Urwald zu den Schimpansen vordringen.

Doch das Unterfangen erwies sich als schwieriger als erwartet. Die Schimpansen waren äußerst misstrauisch und ließen sich nicht blicken. Es dauerte viele Monate, bis sie Jane Goodall in ihrer Nähe duldeten. Schließlich brach das Eis und sie konnte in respektvollem Abstand einer Gruppe durch den Urwald folgen. Das war anstrengend, denn die Schimpansen bewegen sich schnell, doch sie genoss die Stunden im Wald, in der „Kathedrale, die aus drei Baldachinen und aus tanzendem Licht besteht", wie sie schreibt.

Im Oktober 1960 machte sie ihre erste sensationelle Entdeckung. Sie beobachtete, wie sich ein Schimpanse ein Ästchen abbrach und die Blätter abstreifte, um damit anschließend Termiten aus einem Bau zu ziehen. Schimpansen benutzten demnach nicht nur Werkzeuge, sie stellten sie sogar selbst her. Im Jahr darauf war sie zurück in England, um an der ehrwürdigen Universität von Cambridge mit ihrer Doktorarbeit zu beginnen. In dieser Zeit lernte sie Baron Hugo van Lawick kennen, der von der *National Geographic Society* für Filmaufnahmen nach Gombe geschickt wurde. Sie heirateten 1964. Zwei Jahre später kam ihr Sohn Hugo Eric Louis, genannt Grub, zur Welt. 1965 schloss sie ihr Studium mit der Promotion ab. In ihren Arbeiten charakterisierte Jane Goodall Schimpansen als logisch denkende Wesen, mit wechselnden Stimmungen und Gefühlen. Sie könnten unter anderem lachen, täuschen, hochstapeln und trauern. Als sie den einzelnen Mitgliedern der Schimpansengruppe auch noch Namen gab und diese in ihren wissenschaftlichen Texten verwendete, ging dies den universitären Verhaltensforschern eindeutig zu weit. Man zeihte sie der unwissenschaftlichen, viel zu vermenschlichenden Herangehensweise und lehnte ihre Arbeiten zunächst ab. Mit der ihr eigenen Beharrlichkeit setzte sie sich schließlich durch. Heute steht es in der Verhaltensforschung längst auf der Tagesordnung, Versuchstieren Namen anstelle von Buchstaben- oder Zahlencodes zu geben. Auch ist es seit langem akzeptiert, dass Tiere einen individuellen Charakter besitzen, bis zu einem gewissen Grad logisch denken können und Empfindungen haben.

Immer weitere erstaunliche Einblicke in das Leben der wilden Schimpansen gelangen Goodall. So konnte sie miterleben, wie Schimpansen andere Tiere jagten. Dabei gingen sie koordiniert und gezielt vor. Offensichtlich sind sie in der Lage, das Vorgehen mit Hilfe einer differenzierten Sprache detailliert abzusprechen. Das Fleisch der Beute wurde anschließend gemeinsam roh verspeist. Sie erlebte, wie Schimpansen sich gegen Raubtiere verteidigten und sogar, dass verfeindete Schimpansengruppen einen regelrechten

Krieg gegeneinander führten. Mit ihren Entdeckungen regte sie eine Fülle weiterer Forschungsvorhaben an. Aber nicht überall stieß das gewachsene öffentliche Interesse an der Tierwelt der zentralafrikanischen Wälder auf ungeteilte Zustimmung. Dian Fossey zum Beispiel, die sich ähnlich wie Jane Goodall einer Gruppe freilebender Gorillas in Kenia anschloss, musste ihren Einsatz für den Schutz dieser sanften Riesen mit dem Leben bezahlen. Auch das Forschungszentrum in Gombe, in dem zeitweise bis zu 20 Forscher und Studenten arbeiteten, wurde im Mai 1975 von 40 bewaffneten Männern überfallen. Sie entführten vier Studenten, ließen sie aber bald unversehrt wieder frei.

Jane Goodall arbeitete zielstrebig weiter und wandte sich zwischendurch auch anderen Tieren zu. So hielt sie sich in den Jahren 1968 und 1969 in den tansanischen Nationalparks Serengeti und Ngorongoro auf und beschäftigte sich mit dem Verhalten der seltenen Afrikanischen Wildhunde und der Tüpfelhyänen.

In den Jahren 1971 bis 1975 lehrte sie als Gastprofessorin an der kalifornischen Eliteuniversität Stanford und zwischenzeitlich auch in Daressalam. 1986 erschien ihre berühmte wissenschaftliche Monographie mit dem Titel *The Chimpanzees of Gombe*. Einige Tierbücher für Kinder und Jugendliche folgten.

Je tiefer sie in das Leben der freilebenden Tiere vordrang, desto mehr wandelte sie sich von der Forscherin zur Kämpferin für den Naturschutz. Im Jahr 1977 entstand das *Jane Goodall Institute for Wildlife Research, Education and Conservation*, 1991 gründete sie mit *Roots & Shoots* ein Projekt, das sich vor allem an Kinder und Jugendliche wendet. „Die Kinder sind unsere Zukunft", sagt sie.

Schon seit über 20 Jahren ist sie nun unermüdlich in der Welt unterwegs, eilt von Termin zu Termin, um für ihre Sache zu werben. Sie wird mit höchsten Ehrungen und großen Preisen überhäuft. Heute gilt sie als Institution. Zu Hause ist sie, wie zu erwarten, bei ihren Schimpansen in Afrika.

Ihre Bücher erreichten große Auflagen.

WERKE

Goodall, J., 1967: *My Friends the Wild Chimpanzees*. Washington, 204 S.

Lawick-Goodall, J. & Lawick, H. v., 1970: *Innocent Killers*. London, 222 S.

Lawick-Goodall, J., 1971: In the Shadow of Man. London, 256 S.

Lawick-Goodall, J., 1971: Wilde Schimpansen. 10 Jahre Verhaltensforschung am Gobe-Strom. Reinbek, 253 S.

Lawick-Goodall, J. & Lawick, H. v., 1972: Unschuldige Mörder. Bei den Raubrudeln in der Serengeti. Reinbek, 232 S.

Lawick-Goodall, J., 1989: The Chimpanzee Family Book. New York, London, 70 S.

WERNER NACHTIGALL

(*7.6.1934)

Mit seinen Untersuchungen auf den Gebieten der Biomechanik und Bewegungsphysiologie ist Nachtigall führend in der Welt. Er hat vor allem die Bewegungsphysiologie zu einer eigenen Fachrichtung der Biologie entwickelt und dabei eine Synthese von Biologie und Physik erreicht, die in ihrer technischen Anwendung vollkommen neue Möglichkeiten eröffnet hat. Auf das Weiterführen, das entschlossene Vorstoßen in Neuland, kam es ihm immer an. Heute gilt er als einer der bedeutendsten *Bioniker* und mit einiger Sicherheit als ihr weltweit bedeutendster Promotor.

Als Sohn eines gelernten Schuhmachers wurde Werner Nachtigall am 7. Juni 1934 in Saaz im Sudetenland geboren. Nach dem Krieg musste die in einfachen Verhältnissen lebende Familie ihre Heimat verlassen. Sie erreichte Bayern und musste in Augsburg als Heimatvertriebene neu anfangen. Sohn Werner besuchte dort zunächst das Humanistische Gymnasium bei St. Anna. Er war begeistert von den Alten Sprachen, streifte aber ebenso gerne mit seinen Klassenkameraden umher, um Vögel zu beobachten oder die Tümpel der Umgebung auf Frösche, Kröten und Wasserinsekten zu untersuchen. Letztendlich gewannen die Erlebnisse in der Natur die Oberhand und Nachtigall wechselte vom altsprachlichen Gymnasium zum naturwissenschaftlich ausgerichteten Realgymnasium. In dieser Zeit reifte sein Entschluss, später einmal Naturwissenschaften zu studieren. Nach dem Abitur im Jahr 1954 schrieb er sich an der Ludwig-Maximilian-Universität in München ein. Als Studienfächer wählte er Biologie, Chemie, Geografie und Physik. Sicherheitshalber entschied er sich für den Studiengang für das

Höhere Lehramt. Die Familie unterstützte ihn zwar nach Kräften, dennoch musste er verschiedene Jobs übernehmen, um sich das Studium zu finanzieren. Die finanzielle Situation entspannte sich erst in den letzten Semestern, als er *Studienstiftler des Deutschen Volkes* wurde.

Bereits 1959, Nachtigall war erst 23 Jahre alt, reichte er seine biophysikalisch orientierte Promotionsarbeit über die Schwimmdynamik von Wasserkäfern ein. Sein Doktorvater war der Münchner Insektenkundler Werner Jacobs.

Zwei Jahre arbeitete er, „um auch etwas anderes kennenzulernen", wie er selbst betont, am Strahlenbiologischen Institut der Medizinischen Fakultät und am Institut für Strahlenschutzforschung in München-Neuherberg bei Otto Hug, kehrte dann wieder zurück an das Zoologische Institut der Universität, wo er Mitarbeiter von Prof. Hansjochem Autrum (1907–2003) wurde. Mit einer biophysikalischen Arbeit über den Tierflug habilitierte er sich im Jahr 1966. Ein Jahr lang forschte und lehrte er danach an der University of California in Berkeley und kehrte schließlich wieder nach München zurück. Sein erster Ruf erreichte ihn 1968 von der Universität des Saarlandes in Saarbrücken. Er nahm an und sollte Saarbrücken trotz weiterer ehrenvoller Angebote bis zu seiner Emeritierung im Jahr 2002 die Treue halten.

Das große Institut in Saarbrücken entwickelte sich unter seiner Leitung zu einem international anerkannten Zentrum für Biomechanik und Bewegungsphysiologie. Er unterteilte das Fachgebiet in drei Untergliederungen, nämlich Fortbewegung auf dem Lande, im Wasser (Fische, Pinguine, Wasserinsekten) und in der Luft (Vögel, Insekten, Flughörnchen, Fledermäuse). Mit seinem entschlossenen Vorgehen gelang es ihm, diese Teilbereiche der Biologie zu eigenständigen Forschungsrichtungen zu entwickeln und vor allem die Bewegungsphysiologie in Deutschland zu etablieren.

Später kam die Biomechanik von Halte- und Tragekonstruktionen dazu, ein Gebiet, auf dem auch Abstecher in die Botanik gemacht wurden (Grashalme). Die genannten Messungen an Pinguinen und Grashalmen führten dann aber weiter, mitten in das Fachgebiet *Bionik* hinein, das auch in seiner Bezeichnung eine Verschmelzung von Biologie und Technik darstellt. *Technische Biologie* nennt Nachtigall die beschriebenen Ansätze.

Dass hierbei solide Kenntnisse in Physik erforderlich sind, liegt auf der Hand, doch die Fragestellungen blieben stets biologisch. Die Technische Physik bildete das essentielle *Hilfsmittel*, um die Prinzipien zu entdecken und herauszuarbeiten, die die Natur mit Erfolg verwendet. Ihre Umsetzung in technische Lösungen ist dann noch einmal ein eigenständig kreativer Arbeitsschritt, bei dem Ingenieurswissen gefragt ist.

Auf allen Teilgebieten konnte Nachtigall gute Assistenten, Doktoranden und Diplomanden anwerben und mit ihnen zusammen insgesamt rund 200 Originalarbeiten veröffentlichen.

Auf einigen Gebieten ist es ihnen gelungen, in die Weltspitze vorzudringen, gelegentlich auch an der Spitze zu stehen und diese wenigstens für einige Zeit zu halten. In diesem Zusammenhang zu nennen sind beispielsweise die Analysen zum Heuschreckenflug, in denen erstmals die Arbeit der Flugmuskulatur der Insekten gleichzeitig mit flugrelevanten physikalischen Kenngrößen verfolgt wurde, oder die Untersuchungen zur Atmung fliegender Honigbienen. Als einzigartig dürfen auch die mit äußerster Präzision durchgeführten Messungen zum Flügelschlag von Sperlingen und Tauben und zur Bewegung durch das Wasser gleitender Pinguine gelten.

Zu den großen Verdiensten dieses Forschers gehört weiterhin, dass es ihm gelungen ist, die Bionik in Wissenschaft und Technik, aber auch bei einem breiteren Publikum als zukunfts- und praxisorientierte Disziplin zu etablieren. Einen wesentlichen Anteil daran hat sein Buch *BIONIK – Grundlagen und Beispiele für Ingenieure und Naturwissenschaftler*, das 2002 in stark erweiterter 2. Auflage erschienen ist. Nachtigall hat zudem den entscheidenden Beitrag zur Gründung der *Gesellschaft für Technische Biologie und Bionik* geleistet und war erster Herausgeber der Schriftenreihe *BIONA-report*.

Als Emeritus betreibt er die Arbeitsstelle TBB der *Akademie der Wissenschaften und der Literatur Mainz* an der Universität des Saarlands und kann mit Genugtuung verfolgen, wie sich seine Arbeitsrichtung durch Ableger an den Fachhochschulen in Bremen und Saarbrücken und Dutzenden von neuen Bionik-Zentren weiterentwickelt.

Für seine herausragenden und innovativen Arbeiten wurde Nachtigall 1970 mit der *Fabricius-Medaille* der *Deutschen Zoologischen*

Gesellschaft, 1982 mit *Karl-Ritter-von-Frisch-Medaille,* 1996 mit dem *Internationalen Rheinland-Preis* des TÜV und 2004 mit der *Treviranus-Medaille* des *Verbandes Deutscher Biologen (VdBiol)* geehrt. Zudem ist er Mitglied zweier Akademien der Wissenschaften.

WERKE

Nachtigall, W., *1974: Phantasie der Schöpfung. Faszinierende Entdeckungen der Biologie und Biotechnik. Hamburg, 424 S.*

Nachtigall, W., *1977: Funktionen des Lebens. Physiologie und Bioenergetik von Mensch, Tier und Pflanze. Hamburg, 336 S.*

Nachtigall, W., *1979: Unbekannte Umwelt. Die Faszination der lebendigen Natur. Hamburg, 310 S.*

Nachtigall, W., *1984: Erfinderin Natur. Konstruktionen der belebten Welt. Hamburg, Zürich, 167 S.*

Nachtigall, W. *& Blüchel, K. G., 2000: Das große Buch der Bionik. Neue Technologien nach dem Vorbild der Natur. Stuttgart, 399 S.*

Nachtigall, W., *2001: Natur macht erfinderisch. Ravensburg, 99 S.*

Nachtigall, W., *2002: Bionik, Grundlagen und Beispiele für Ingenieure und Naturwissenschaftler. Berlin, Heidelberg, New York, Hongkong, London, Mailand, Paris, Tokio, 492 S.*

Nachtigall, W., *2006: Bionik – Was ist das? Was kann das? Was soll das? Audio-CD, Berlin.*

WOLFGANG FRIEDRICH GUTMANN

(13.5.1935–15.4.1997)

Der Begründer der Konstruktionsmorphologie und Vordenker der heute als *Frankfurter Evolutionstheorie* bekannten modernen Organismus- und Evolutionstheorie war Zeit seines Berufslebens ein „Senckenberger". Das Naturmuseum und Forschungsinstitut Senckenberg in Frankfurt bot ihm den nötigen Freiraum und den erforderlichen Rückhalt, um den mit zunehmender Heftigkeit geführten Methodenstreit in der Evolutionsforschung durchzuhalten und letztlich bis zur Anerkennung zu führen.

Nach dem Studium der Zoologie an der Frankfurter Johann Wolfgang Goethe-Universität führte Gutmanns Berufsweg zu Prof. Dr. Wilhelm Schäfer, einem anerkannten Aktuopaläontologen. Er holte ihn an die Außenstation des Instituts *Senckenberg am Meer* in Wilhelmshaven und betreute als Doktorvater seine Dissertation über ein Seepockenthema. Die Arbeit wurde 1960 erfolgreich abgeschlossen. Die nachfolgenden Jahre – Gutmann arbeitete bis 1964 in Wilhelmshaven und wechselte dann in das Haupthaus nach Frankfurt – boten ihm vielfältige Möglichkeiten, Anatomie und Verhalten zahlreicher wirbelloser Tiere zu beobachten und zu beschreiben. Er widmete seine Aufmerksamkeit den Quallen, den Aktinien und verschiedenen wurmförmigen Tieren, die im Watt der Nordsee, sozusagen vor seiner Haustür, leben. Er eignete sich umfassende anatomische Kenntnisse an und deutete die vorgefundenen Strukturen ganz im Sinne der Aktuopaläontologie in Verbindung zu ihrer Funktionsweise. Geradezu beispielhaft ist seine histologische Arbeit über den Aufbau der Aktinienwandung, in der er auch die Frage nach dem Warum der Faseranordnung im Hinblick auf ihre Funktion bei den Bewegungen beantwortet.

Neu war dabei, dass er einzelne anatomische Befunde nicht isoliert für sich, sondern als Teil eines funktionierenden Gesamtgefüges betrachtete und fast schon aus dem Blickwinkel des Konstrukteurs und Technikers bewertete. Am Ende einer Arbeit über die Fortbewegung der Quallen, die ebenfalls im Jahr 1965 erschien, fasste er seine Erkenntnisse zum Beispiel folgendermaßen zusammen: „Es ergibt sich daraus, dass eine funktionstüchtige Konstruktion in günstiger Zuordnung aller Bauelemente vorliegt [...] dass Bau und Leistung in sehr sinnvoller Beziehung zueinander stehen." Darin deutete sich eine Arbeitsmethodik an, die wenige Jahre später die noch in der Idealistischen Morphologie der Goethezeit verhaftete traditionalistische Zoologie in ihren Grundfesten erschüttern sollte.

Die optimale Funktionstüchtigkeit hat für alle Teile eines Organismus zu gelten und vor allem auch zu jeder Zeit in ihrer langen Entwicklungsgeschichte. Ein „wegen Umbau geschlossen" konnte es im evolutiven Wandel eines Organismus niemals geben. Jeder anatomische, morphologische oder histologische Befund darf daher in der Phylogenetik nicht unabhängig von der Funktionsweise, also rein morphologisch betrachtet werden. Es ist das funktionelle Zusammenspiel aller Bauteile eines Tierkörpers, das sich im Laufe des Evolutionsprozesses Generation für Generation in sich und als Teil des Ökosystems stets aufs Neue bewähren und behaupten muss.

Diese so selbstverständlich, fast schon banal anmutende Erkenntnis wendete Gutmann im Laufe seiner weiteren Forschungsarbeiten
auf die Entstehung und Evolution des Coeloms konsequent an, fand
Widersprüche zur geltenden Lehrmeinung und entwickelte eine
neue Theorie über die Entwicklungsgeschichte des Coeloms. Als
er seine Vorstellungen auf einem phylogenetischen Symposium in
Norddeutschland erstmals vortrug, wurde er empört angegriffen.
„Mit Funktion können Sie keine Phylogenetik machen", kanzelte
die Riege der gestandenen Morphologen den jüngeren Kollegen
ab.

Doch Gutmann ließ sich davon nicht beirren. Er wusste, dass
er mit seiner Betrachtungsweise auf dem richtigen Weg war. Er
wandte seinen methodischen Ansatz auf immer mehr Baupläne
an und wie bei einem Mosaik fügten sich Steinchen für Steinchen
zu einem schlüssigen Bild der stammesgeschichtlichen Entstehung
der Chordatiere zusammen. Nicht nur die frühen fischartigen
Wirbeltiere, sondern auch die wurmförmigen Hemichordaten,
die Tunikaten und schließlich auch die Echinodermen fanden
ihren Platz in dem nun durchgängig als Konstruktionswandel
begründeten System der Wirbeltiere. Dass Gutmanns Ansichten
über die Evolution der Chordatiere der morphologisch geprägten
traditionellen Lehrmeinung diametral gegenüberstanden, ergab
sich zwangsläufig aus dem neuen methodischen Ansatz.

Was nun folgte, waren jedoch nicht die erhofften wissenschaftlichen Meriten für den noch jungen Forscher, war kein anerkennendes
Schulterklopfen und schon gar kein kollektives Aha-Erlebnis. Die
neue Theorie wurde 1970 auf dem 15. Phylogenetischen Symposium in Erlangen als unerträgliche Attacke auf die Fundamente der
Stammesgeschichte empfunden und mit Vehemenz angegriffen.
Man konnte sich nicht auf eine faire Diskussion einlassen, sei es
aus Eitelkeit oder sei es, weil die versammelte Riege der klassischen
Morphologen unterbewusst spürte, auf welch dünnes Eis sie sich
damit begeben würde. So erlebte Gutmann das, was auch schon
Galilei, Malpighi, Darwin, Wegener und andere ihrer Zeit vorAuseilende Denker vor ihm hatten ertragen müssen. Ablehnung, Hohn,
Anfeindung bis hin zur persönlichen Diffamierung schlugen ihm
aus dem anwesenden Kreis der arrivierten Kollegen entgegen. Sogar die bekannten Zeitschriften der Zoologie verweigerten ihm den

Druck seiner Arbeiten. Senckenberg blieb in dieser Zeit der Hort der Meinungsfreiheit, hier konnten seine anderswo missliebigen Schriften weiterhin erscheinen.

Es war nur konsequent und folgerichtig, dass Gutmann sich in dieser Zeit auch der Geschichte der Biologie zuwandte, um das Geschehen zu verstehen und die Kontroverse zu versachlichen. Intensiv beschäftigte er sich dabei mit den Biologen des 19. und 20. Jahrhunderts und las deren Ausführungen in den Originaltexten.

In den letzten Jahren seines Lebens fiel die Mauer des Schweigens und Blockierens zunehmend. Gutmann war schließlich als Lehrer, Redner und Diskussionsteilnehmer gefragt, bis ihn der Tod im Alter von 62 Jahren plötzlich aus seinem arbeitsreichen Leben riss. Die *Frankfurter Evolutionstheorie* wurde nach seinem Tod durch eine neue Arbeitsgruppe am Forschungsinstitut Senckenberg weiterentwickelt und präzisiert.

WERKE

Gutmann, W. F., 1972: Die Hydroskelett-Theorie. Aufsätze und Reden der Senckenbergischen Naturforschenden Gesellschaft 21: 1–91.

Gutmann, W. F., 1972: Vom Hydroskelett zum Skelettmuskelsystem. Eine biotechnisch begründete Evolutionsstudie. Mitteilungen des Institutes für leichte Flächentragwerke der Universität Stuttgart (IL) 4: 16–38.

Gutmann, W. F. & Bonik, K., 1981: Kritische Evolutionstheorie – ein Beitrag zur Überwindung altdarwinistischer Dogmen. Hildesheim, 227 S.

Gutmann, W. F., 1989: Die Evolution hydraulischer Konstruktion – organismische Wandlung statt altdarwinistischer Anpassung. Frankfurt a.M., 201 S.

Gutmann W. F., 1995: Die Evolution hydraulischer Konstruktionen: organismische Wandlung statt altdarwinistischer Anpassung. Frankfurt a.M., 220 S.

GLOSSAR

Abiotisch – biotisch Abiotische Faktoren rekrutieren sich aus der unbelebten Natur, während biotische Faktoren auf Lebewesen bezogen sind.

Anthropologie/Anthropologe Die Menschenkunde beschäftigt sich mit der Stammesgeschichte der Menschen und beschreibt die Anatomie, die Fertigkeiten und die Lebensweise →fossiler und →rezenter Menschen.

Art/Spezies Es ist die einzige natürliche Einheit innerhalb des biologischen Nomenklatursystems und bezeichnet eine Gruppe von genetisch weitgehend gleichen Individuen, die von anderen Arten genetisch isoliert ist.

Autökologie Die Beziehungen zwischen Organismus und Umwelt.

Binominal/binär Eigentlich „zweigliedrig". In der →Systematik wird die Spezies durch den Namen der Gattung und der Art bezeichnet. Angefügt werden der Autor der Art und die Jahreszahl der Beschreibung.

Biologie Die Lehre vom Lebendigen. Als eigenständige Wissenschaft erst im Laufe des 19. Jahrhunderts etabliert.

Blütenökologie Die Lehre von den Beziehungen zwischen Blüten und Blütenbesuchern.

Brutfürsorge Viele Tierarten, vor allem Insekten schaffen als Vorsorge für ihre Eier und Nachkommen besonders geschützte Braträume und statten diese oft auch mit Nahrung aus. Ein direkter Kontakt der Eltern mit ihren Nachkommen findet jedoch nicht statt. Die Jungen sind völlig auf sich allein gestellt.

Brutpflege Bewachen, Schützen, Pflegen und Füttern sind Tätigkeiten, die den Bruterfolg deutlich erhöhen. Brutpflege gibt es nicht nur bei Säugetieren, sondern praktisch überall im Tierreich.

DDT Dichlor-Diphenyl-Trichlorethan wirkt auf das Nervensystem. Es wurde erstmals 1938 von Paul Hermann Müller, Basel, als hochwirksames Insektizid eingesetzt. Die Entdeckung wurde 1948 mit dem Nobelpreis belohnt. Seit dem 16. Mai 1971 darf DDT in Deutschland nicht mehr eingesetzt werden.

Dichotome Verzweigung Aufspaltung eines Teils in zwei Tochterteile. Pflanzen können dichotom verzweigt sein und daraus abgeleitet, die Verzweigungen in einem Stammbaum.

DNA/DNS Deoxyribonucleic acid (DNA) bzw. Desoxyribonukleinsäure (DNS) ist der Träger der Erbsubstanz. Sie ist in jeder Zelle enthalten und wird bei der Zellteilung an die Tochterzellen weitergegeben.

Embryologie Die Lehre von der Entwicklung einer befruchteten Eizelle zur eigenständigen Lebensform.

Evolution In der Biologie bezeichnet dieser Begriff die stammesgeschichtliche Entwicklung aller Lebensformen.

Evolutionstheorie Dieses zentrale Konzept der Biologie wurde im 19. Jahrhundert erstmals entwickelt und seitdem ständig verfeinert. Es impliziert im Gegensatz zur Schöpfung, dass sich Arten im Laufe der Zeit allmählich so sehr verändern, dass sie neue Arten bilden.

Fossil Als Versteinerung vorliegend, ist nicht gleichbedeutend mit ausgestorben, wird aber fälschlicherweise in diesem Sinne gebraucht.

Genpool Das Denken in Populationen führte dazu, die Gesamtheit aller Gene einer Art unter diesem Begriff zusammenzufassen. Die einzelnen Gene sind in unterschiedlicher Häufigkeit enthalten. Die Veränderung der Genfrequenz innerhalb eines Genpools wird auch als Definition für Evolution genommen.

Limnologie Die Lebewesen eines Binnengewässers werden als Lebensgemeinschaft beschrieben und in Beziehung zu ihrer belebten und unbelebten Umwelt gebracht.

Mimikry Eine ungeschützte Art ahmt in Verhalten, Aussehen oder in anderer Weise eine wehrhafte Art nach und genießt dadurch den gleichen Schutz vor dem Gefressenwerden.

Mutation Spontan auftretende sprunghafte Veränderungen innerhalb des Erbgutes, meist durch Ablesefehler während der Zellteilung entstanden.

Ökosystem Ein weitgehend der Selbstregulation unterworfenes Gefüge aus zu einer Lebensgemeinschaft oder Biozönose zusammengeschlossenen Organismen und ihrer unbelebten Umwelt, dem Biotop.

Pflanzensoziologie Auf jedem Standort stellt sich aufgrund von →biotischen und →abiotischen Faktoren eine bestimmte Pflanzengesellschaft ein, die sich anhand von häufigen und weniger häufigen Arten hierarchisch klassifizieren lässt.

Photosynthese Pflanzen binden mit der Energie des Sonnenlichtes gasförmiges Kohlendioxid aus der Luft in organische Moleküle ein. Dabei entsteht Wasser und molekularer Sauerstoff. Die Umkehrung der Photosynthese ist die Atmung.

Rezent Heute noch lebend.

Selektion Alle Arten haben im Laufe ihres Lebens mehr Nachkommen, als zum Erhalt ihrer Art nötig wäre. Unter den Nachkommen entscheidet sich durch Selektion, wer zur Fortpflanzung kommt und seine Gene an die Nachkommen weitergibt.

Synökologie Die Lehre von den Gemeinschaften verschiedenartiger Organismen und ihrer Beziehung zur Umwelt.

Synthetische Evolutionstheorie Die Synthese aus den Erkenntnissen der Genetik und der Evolutionstheorie führte zu einer erweiterten Evolutionstheorie.

Systematik Das biologische System gruppiert alle Arten nach ihrer potenziell natürlichen Verwandtschaft. Die Wissenschaft, die sich mit der Suche nach Verwandtschaftsbeziehungen beschäftigt, erstellt nach genau festgelegten Regeln einen Stammbaum.

Vegetation Die Gesamtheit aller Pflanzengemeinschaften eines Gebietes.